よく
わかる

イネの
生理と栽培

農文協
編

農文協

まえがき

イネつくりを取り巻く環境は、大きく変わりました。

一つめは、一九七〇（昭和四十五）年から半世紀近くつづいてきた、減反政策が廃止されたことです。米を自由につくり、自由に販売できる時代が来たこと。

二つめは、もっぱら、人間が食べる主食用が中心として管理されてきたお米が、お菓子などの加工用米だけでなく、家畜に食べさせる粗飼料としての飼料用イネ（ＷＣＳ）、さらには穀物として家畜に食べさせる飼料用米として、自由につくり、自由に流通させることができるようになったこと。

三つめには、第二次世界大戦後の食料不足から抜けだそうと米多収に燃えた世代が、八〇歳後半から九〇歳になって第一線からしりぞかれた。そしてイネつくりに取り組む方々が、定年を迎えて農村に戻ってこられた六〇歳代、さらに田舎にあこがれる人も含めた若い人たちにバトンタッチされるという、大きな世代交替の時期に突入していること。

そう考えると、半世紀にわたる減反時代の間にすすめられてきた「美味しい米つくり」技術だけでなく、加工用、飼料用など、さまざまな目的を達成するためのイネつくりの技術が必要になります。

久しく聞くことがなかった「多収」という言葉も、近ごろではあちこちで語られるようになりました。飼料用米では、かつての「米作日本一事業」ではありませんが、多収を競う全国コンテストが行なわれています。

つまりこれからは、美味しい米をめざすイネ栽培、加工目的にあったイネ栽培、輸入飼料と対抗できるイネの超多収栽培など、その土地その人のイネつくりへの思いや目的を反映させた、個性的なお米を自由につくることができる時代になり、疎植栽培、深水栽培、密播・密植栽培、直播栽培など、さまざま技術が求められるようになったということです。

本書は、こうした栽培技術の基礎となる、イネとはどんな作物か（生理・生態）？　どんな養分をどの時期に吸収するのか？　吸収した養分はからだのなかでどのように動き、どのようなはたらきをするのか（栄養生理）？　光とイネ、イネと土と水の関係と手の打ち方を、できるだけわかりやすく解説した本です。降り注ぐ光を最大に生かすイネつくりは、美味しい米つくりのもとであり、多収を実現するもと。収量の限界といわれる、反収一五〇〇キログラムをめざすイネつくりを追求します。

その土地の自然と向き合ってつくりあげられる農業は、文化の礎といわれます。この本が、大きく変わりつつあるイネを取り巻く環境のなかで、新しい時代の新しいイネつくりに役だってくれることを願っています。

二〇一八年五月

一般社団法人　農山漁村文化協会

＊本書は、戦後の食料不足を克服しようと米の多収を目指した時代に書かれた、『イネの生理と栽培』（岡島秀夫著、一九六五年発行、絶版）を下敷きにし、その後の研究成果を、各先生方および農家の皆さまのお許しを得て補足することで完成しました。岡島秀夫先生は、このリメイク版に際して、「農業は、置かれた環境をローカルに生かしていく文化だと思っています。想像力をはたらかせて判断し手を打っていくすばらしさとおもしろさを、ぜひ伝えてほしい」というメッセージを寄せてくださいました。

よくわかる イネの生理と栽培●目次

まえがき 1

第一章 米の収量限界はどれくらい？

第一話 米の中身はどこから来たのだろう……10
イネの一生 10
中身はイネがつくりだした太陽の化身 10

第二話 収量限界は反収一五〇〇キロあたり……12
田んぼに降り注ぐ太陽の光エネルギー総量 12
米一〇〇キロとるために必要なエネルギー 12
日本での多収記録を知る 13
〈ひと口メモ〉米作日本一事業 14

第二章 そもそもイネという作物は

第三話 イネは二重人格者である……16
水田という環境 16
畑という環境 16
水田・畑 徹しきれないイネの宙ぶらりん 17

第四話 畑のイネ 田んぼのイネ……19
環境に合わせた変幻自在 19
イネは水陸両棲作物だと考えてみる 20

第五話 イネと水の相性を深掘りすると……21
根のはたらきと根まわりの酸素不足 21

陸上から酸素を根に送りこむシステム 21
酸素で根まわりの毒を無毒化する 22
根のまわりの酸化と還元でおこること 23
〈ひと口メモ〉酸素呼吸と無酸素呼吸 23
〈ひと口メモ〉鉄欠乏を克服する 植物の力・人間の知恵 24

第六話 田んぼがかかえる二つの矛盾……25
田んぼの利点はどこに? 25
利点と欠点は裏腹の関係 26
土用干し、中干しの意味 27
根の酸化力を高めるには 29

第七話 水はイネの生育を支配する……30
生命現象のカラクリ 30
生長ホルモンの存在 30
ホルモンと光のおもしろい関係 32
実は水がホルモンを左右している 34
水管理の深さとイネの育ち 35
カコミ❶ 水でイネをコントロールする深水栽培 36
カコミ❷ 出穂期に最高の葉面積を確保する、四〇日前のイネ姿! 38
〈ひと口メモ〉ホルモンの正体 31

第三章 イネが吸う養分と からだのなかでのゆくえ

第八話 イネはいつ、どんな養分を吸っているのだろう?……40
米一〇〇キロとるのに必要なチッソ 40
三要素以外の養分 とりわけケイ素について 41
肥料はいつ吸われどんなはたらきをするのか 42
からだのなかでの養分の動き 44
〈ひと口メモ〉逃げるチッソ 逃げないチッソ 41
〈ひと口メモ〉ケイ素のはたらきとケイ酸肥料 41

第九話 吸収された養分のゆくえ……47
イネの離乳期 47
命の伝達 養分の伝達 47
「波を打たすな」の格言が教えていること 49
生育時期によって養分が異なるのはなぜ 50
〈ひと口メモ〉イネとタンパク質 48

第十話 主茎と分げつ茎は、本家と分家の関係……52
親子、分家関係を表わす「同伸葉理論」 52
分げつは三拍子で規則正しく 54
必要な栄養分の複雑なやりとり 54

第十一話 下葉の影響はからだ全体におよぶ……56
つまるところ、作物としてのイネの目的は？ 56
新しい葉 古い葉 56
古い下葉の献身的なはたらき 57
下葉の枯れ上がりが語りかけること 58

第十二話 デンプン蓄積の三条件……59
自然物としてのイネと人間の都合 59
穂にデンプンをたくわえる三つの条件 60
第一の条件 炭酸ガスの同化 61
第二の条件 葉から穂への養分移動 62
第三の条件 炭水化物をデンプンに変える力 63
穂・稈・葉 調和こそすべて 64
〈ひと口メモ〉炭水化物ってなんなの？ 63

第十三話 生育の時期と葉のはたらき……65
収量構成要素という考え方 65
イネの育ちと葉のはたらき 65
穂の大きさ・粒数が決まる時期の葉 66
活動中心葉という考え方 67
〈ひと口メモ〉イネの葉の寿命 68

第四章 多収への道は、光エネルギーの効率利用にあり

第十四話 「青田六石米二石」の教え……70
出穂三〇～四〇日前にりっぱでは大問題！ 70
青田づくりで収量が伸びた時代もあった…… 71
勝負所は出穂後四〇日間の光のつかまえ方 72
〈ひと口メモ〉品種の話 2題 73

第十五話 茎にたくわえたデンプンを有利に利用する技……74
穂のなかのデンプンのルーツを探る 74
ヨードデンプン反応を活用する 75
カコミ3 近ごろの多収品種は蓄積デンプン利用型 77

第十六話　葉は主人、モミは扶養家族……78
モミ数と収量の関係　78
炭水化物をデンプンに変える力のもと　79
葉っぱの元気と根の元気　80
〈ひとロメモ〉モミに送りこまれるデンプンの話　79

第十七話　光のあたりぐあいは立体的に……81
立った葉と垂れた葉　81
光を受け止める葉の面積と配置を考える　82
モミ―枝梗―維管束の連結パイプ　84
光の立体利用型で　85

第十八話　多収をねらうほどに千粒重が重要に……86
収量の目標を立ててみる　86
千粒重を大きくする手立て　86

第十九話　根の活力は下葉が支配する……88
根のはたらきをもう一度考えてみる　88
新しい根と古い根の関係　88
浅根性の根の悪戦苦闘　90
根の元気を最後まで保つ水管理　91

第五章　美味しくて健康な、多収イネつくりへの誘い

第二十話　はじめチョロチョロ、後半勝負の施肥作戦……94
田植え後一〇日間だけの施肥で、命をまっとうしたイネの教え　94
前半の多肥はイネの吸収力を低下させる　95
チッソを多く吸収させるには元肥少肥が原則　96
分げつに必要なチッソはほんのわずかでよい　97
後半は追肥でおいこむ　98
チッソ以外の養分の考え方　99

第二十一話　栽植密度を考える……100
栽植密度を決める基本　100
「最終収量一定の法則」は本当か？　101
からだづくりから穂づくりへのスムーズ転換　102
疎植をめぐる考え方　102
密播・密苗の新技術は？　104
〈ひとロメモ〉並木植え・千鳥植えの妙味　104
カコミ④　疎植によるいもち病抑制のしくみ　105

第二十二話　水は生育調整の最大の武器……106
初期生育をおさえて中身を充実　106
伸ばす水管理　おさえる水管理　106
デンプン蓄積イネはマイペースで養分を吸う　107
アピカルドミナンシー現象　108
活着時代は深水で　109

第二十三話　中干しの目的はまちがっている…110
中干しでチッソを逃がす？　110
中干しで根腐れを防ぐ？　111
中干し後の白い根多発の意味は？　112
基本は根の酸化力強化作戦　113

第二十四話　出穂後の手の打ち方……………115
「花水」の本当の意味　115
大切なのは葉の水分保持力　116
水による温度調整をどう考えるか　117
根腐れをおこさない管理　119
落水期を機械的に決めないで　120
ヒコバエがたくさん出るようでは失格！　120
カコミ⑤　高温登熟障害の原因と対策　122

あとがき　124

イラスト：トミタ・イチロー

◆知っておきたい尺貫法

〈長さの単位〉

1寸（すん）＝約3cm
1尺（しゃく）＝10寸＝約30cm
　＊「尺角植え」とは、株間×株間をそれぞれ1尺間隔で植える栽植方法。疎植イナ作でよく使われる。
1間（けん）＝6尺＝約180cm

〈面積の単位〉

1坪（つぼ）＝1間（けん）×1間＝約3.3m^2
1畝（せ）＝1a（あーる）＝100m^2
　＊「畝どり」とは、1畝で1俵とること（反収10俵）。かつては多収の目安だった。
1反（たん）＝10畝＝10a＝1,000m^2
1町（ちょう）＝10反＝100a＝10,000m^2＝1ha

〈容量の単位〉

1合（ごう）＝0.18ℓ
1升（しょう）＝10合＝1.8ℓ
1斗（と）＝10升＝18ℓ

〈重さの単位〉

1匁（もんめ）＝3.75g
1貫（かん）＝1,000匁＝3.75kg
1俵（ひょう）＝60kg
　＊昔の米俵1つに入る米が60kg。現在は、30kg入りの紙袋が使われている。
1石（こく）＝2.5俵＝150kg
　＊歴史小説などに出てくる「1石」とは、成人男子が1年間に食べる米の量にあたる。

第一章　米の収量限界はどれくらい？

いまから半世紀以上も前、お隣の国中国から、米の反収八〇石達成！　という噂が流れてきました。反収八〇石といえば、一万二〇〇〇キログラム（以下、キロと表記）、日本の平均反収の二〇倍以上です。本当に、米はそんなにとれるものなのでしょうか？

米のもとは太陽の光。第一章では、田んぼに降り注ぐ光のエネルギーから話を始めることにしましょう。

第一話

米の中身はどこから来たのだろう

この本を手にとってくださった方なら、私たちが口にしている米が、イネという作物の種子であり、モミのなかにたくわえられたデンプンの塊であることはご存知でしょう。では、そのデンプンはどこから来たか？　実は、そのしくみを知ることが、美味しいお米の多収を目指すときの基本となります。そこで、話を、米のデンプンのルーツを明らかにすることから始めることにしましょう。

イネの一生

第1図をご覧ください。イネの一生の模式図です。イネは発芽後、葉と分げつを規則正しく増加させていきます。そして気温と日長が品種の要求する条件を満たしたときに、茎のなかに、幼穂（ようすい）と呼ばれる穂のもとが分化してきます。この幼穂分化までに多くの分げつが発生しますが、そのすべてが穂をつけるわけではありません。環境条件によっては、発生した分げつも枯れてしまいます。私たちは、これを無効分げつと呼んでいます。

米粒を目的とするイネの栽培では、葉や茎を利用する牧草や葉菜類などとは、事情が異なります。無効分げつの発生はエネルギーをむだにすることになり、収量にマイナスの効果をもたらすことになるからです。

幼穂分化から出穂までの約三〇日間は、モミの数が決まる、収量形成上のもっとも重要な時期です。そして、出穂・開花後、収穫までの三〇～五〇日間が登熟期と呼ばれ、光合成によってつくりだした炭水化物をモミのなかに送りこむ重要な期間となります。

中身はイネがつくりだした太陽の化身

イネを育てるエネルギー、そしてモミにたくわえたデンプン、それらのすべてエネルギーは、イネ自

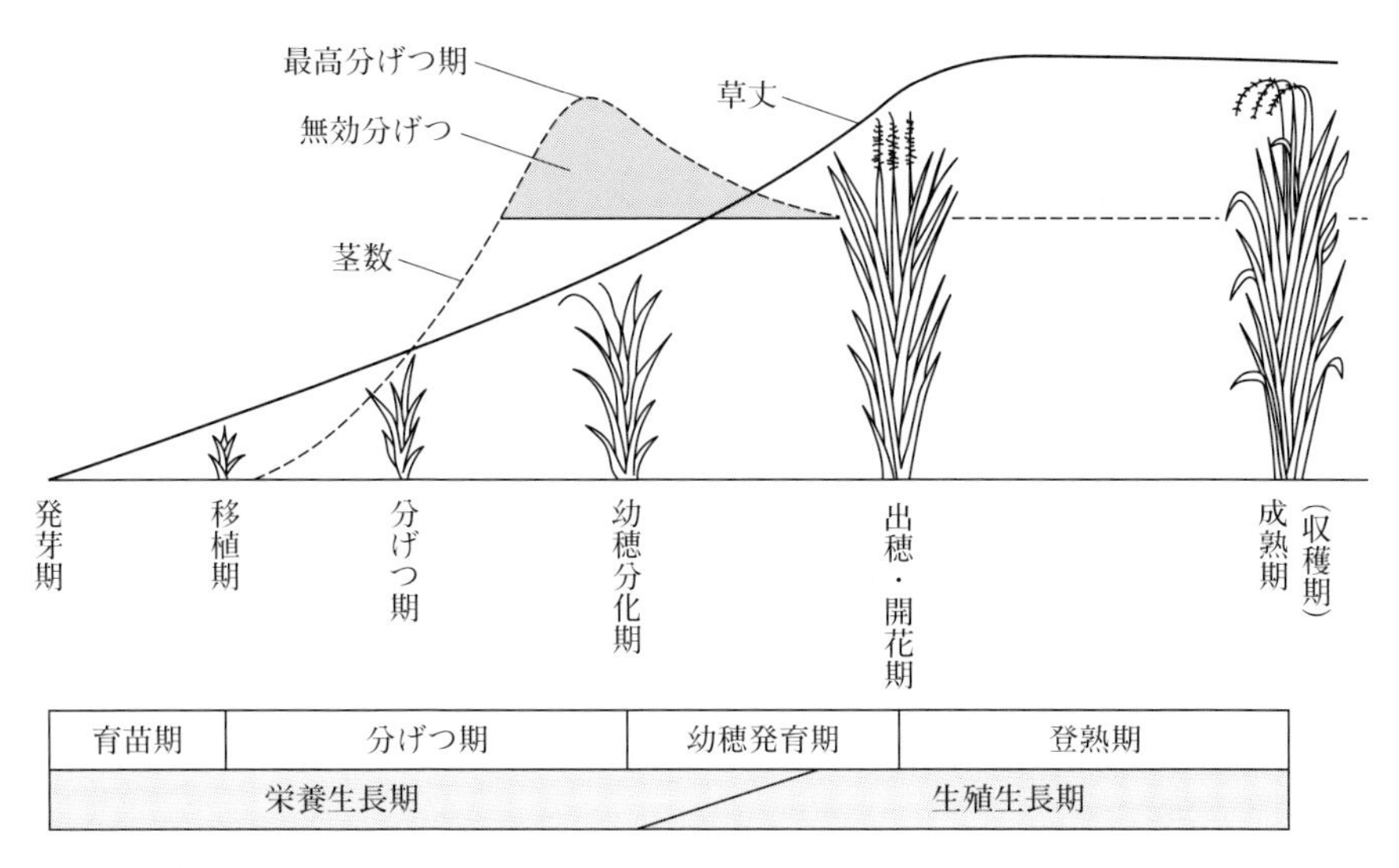

第1図　イネの一生

身が、太陽の光エネルギーをからだのなかで化学エネルギーに変えてつくりあげたもの。このはたらきのことを「同化」と呼んでいます。だから、いくらイネでも、与えられた光エネルギー以上の収量はあげようがありません。

では、この光エネルギーによって、どこまで米の収量を高めることができるのでしょうか？　イネに注がれる太陽の総エネルギー、イネが同化する能力……ちょっと理屈っぽい話になりますが、イネつくりの基本となるところなので、もう少しおつきあいください。

第二話

収量限界は反収一五〇〇キロあたり

田んぼに降り注ぐ太陽の光エネルギー総量

モミのなかにたまるデンプンのもととなる砂糖などの炭水化物は、第八話でお話しするように茎から移行するものもありますが、ここでは、イネが穂を出して（出穂）から刈り取るまでのおよそ四〇日の間に、葉が光エネルギーを受け止めて同化したものとして考えてみることにします。この期間のことを「登熟期間」と呼んでいます。

では、この登熟期間に、どれだけの光エネルギーが田んぼに降り注いでいるのでしょうか？　四〇日間まったく曇りの日がなく晴天がつづいたとして、同化に役だつ光をカロリーに換算すると、一〇アール当たり一〇〇〇億カロリーという、ずい分たくさんなものになります。

しかし残念なことに、現在地球上に生活している植物の葉緑素では、太陽の光エネルギーを使って炭水化物をつくる効率は、最高三三％から二五％の歩どまりといわれています。つまり、一〇アール当たり一〇〇〇億カロリーの光が降り注いだとしても、実際に同化に利用している光は、二五〇億から最高三三〇億カロリーしかありません。

米一〇〇キロとるために必要なエネルギー

では、米一〇〇キロとるには、どれくらいのカロリーが必要なのでしょう？　イネも生きものですから、光合成をする一方で、呼吸による消耗もあります。それを計算に入れると、約九・二億カロリー分の同化物質が必要といわれています。登熟の四〇日間、田んぼに降り注いだ同化に利用できる光二五〇億～三三〇億カロリーをイネが全部利用したとすると、二七〇〇キロから三五〇〇キロの米をつくることができる計算になります。

しかし、この米収量三〇〇〇キロ前後という数字は、最高に理想的な条件での話です。まず、四〇日の間に一日でも曇りの日があったら計算がくるってきます。また一〇〇〇億カロリーの光を全部利用するのだから、葉にあたった光は全部葉に吸いとられなければならないわけで、光が葉にあたって反射して逃げてはいけません。かりに光の反射をゼロにするとしたら、田んぼ全面が真黒に見えるような状態でないと不可能なわけです。しかも、葉は四〇日間も生き生きと休みなくはたらいていなければなりません。

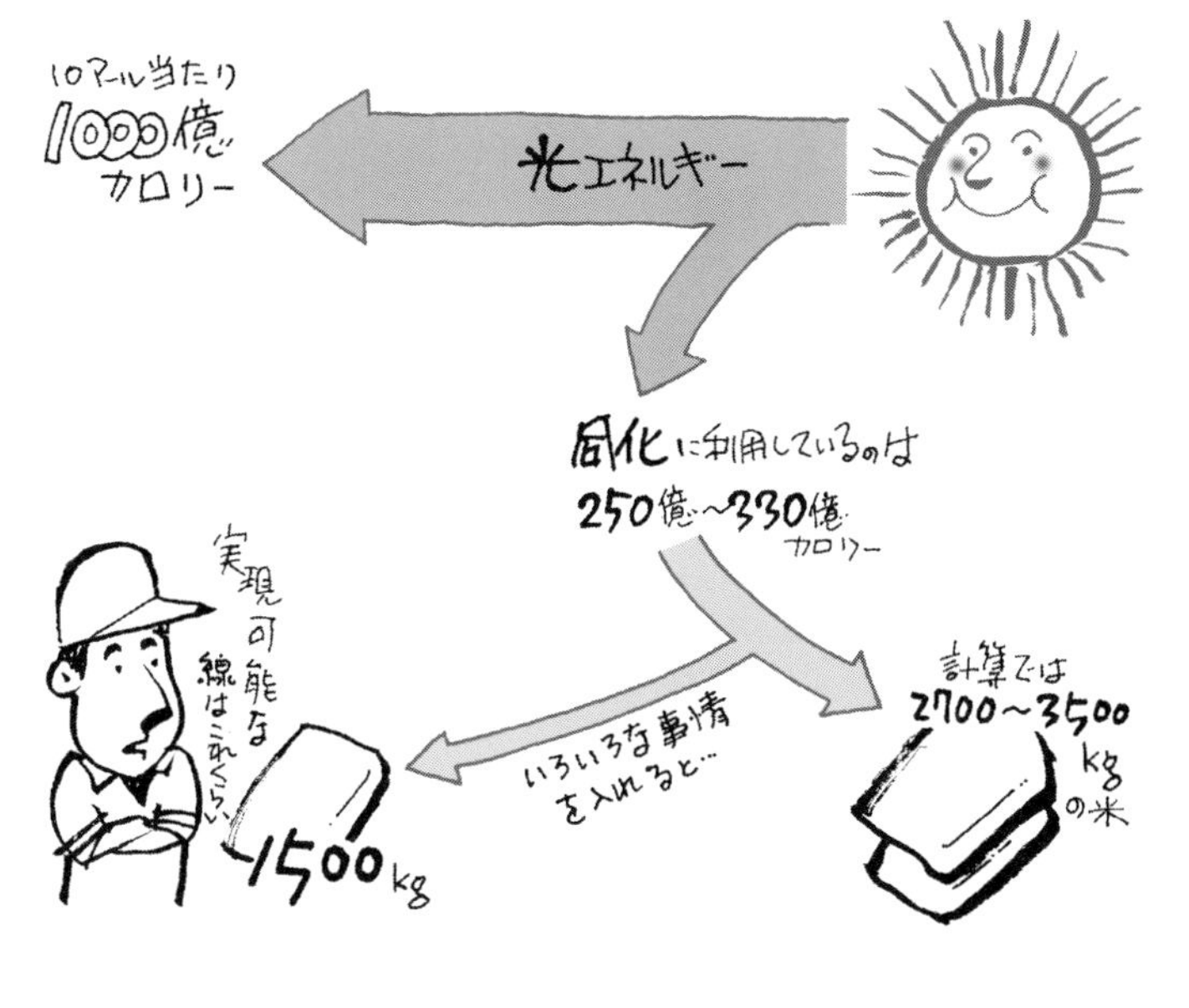

このようないろいろな事情、つまり出穂後の曇りの日や、葉の寿命や、葉が光を全部吸収することが不可能なことを計算に入れると、三〇〇〇キロ前後の理想は遠くなり、一五〇〇キロあたりが実現可能な線だと考えることができます。

日本での多収記録を知る

本章のトビラ（9ページ）で紹介した中国からの噂話はさておき、現在までのわが国での多収記録には、一九六〇（昭和三十五）年、朝日新聞社主催の多収穫競励事業で米作日本一となった、秋田県の工藤雄一さんがあげた一〇五二キロ（一七・五俵強）があります。それから六〇年近くたったいまなお、その記録は破られていません。二〇一七（平成二十九）年の全国平均収量は五三四キロ（約九俵）で、可能収量の三分の一にすぎません。「多収よりも美味しい米つくり」へと時代が動いたとはいえ、ちょっとさびしい気がします。

収量に関してその理由を一言でいえば、日本中にまんべんなくあたっている光エネルギーをまだまだ充分生かしきれずに、逃がしてしまっていることが原因だといえます。

最近では、主食用のイネつくりだけでなく、家畜の飼料用としてのイネつくりもすすめられ、タカナリや北陸193号といった飼料用米の多収品種が育成されています。試験場では一トン以上（小規模試験）という収量が報告されていますが、二〇一七（平成二十九）年度の「飼料用米多収日本一」の事業では、北海道で九六八キロ（品種「きたげんき」）という新記録が達成されました。しかしまだ、一五〇〇キロという報告はあがっていません。

どうしたら地上に降り注ぐ光をつかまえ、しかもそれをうまく穂のなかにたくわえることができるのか、それを考えるのが本書のねらいでもあります。

光エネルギーを利用するといっても、ただまんぜんと、イネを洗たくもののように光にさらせばよいというものではありません。光を充分利用するためには葉が元気でなければならないし、そうするには、私たち人間同様、イネ全体が呼吸をしながら元気にはたらいていなければなりません。

では、元気にはたらくとはどういうことか？　それを考えるには、いったいイネとはいかなるものかをあらためて考えてみる必要があります。イネのもっている能力を無視して肥料を与えたりしてむやみやたらに元気づけても、私たちの目的、つまり米の収量があがらなければばかげた話になってしまうからです。

イネとはいかなる植物か？　どうすれば多収可能なのか？　第二章からは、そのことを考えていくことにしましょう。

ひと口メモ

米作日本一事業

1949（昭和24）年から20年間つづいた、朝日新聞社主催の多収穫競励事業。農林省や全農中央会の支援もあり、当時の米不足のなか、農家の増産意欲をかき立てた。参加した農家数は毎年およそ2万人、延べ40万人におよんだといわれている。

第二章　そもそもイネという作物は

イネは不思議な植物です。

いまでこそ水がたたえられた水田で育つ「水稲（すいとう）」がほとんどですが、かつては畑で育つ「陸稲（おかぼ）」もたくさん栽培されていました。また、水稲品種を畑で育てる「陸水稲」と呼ばれる栽培もありました。

イネは二重人格者。水との関係を知ることこそ、イネ栽培のおもしろさを知ることだし、イネをコントロールする技を身につけることになるのです。

第三話

イネは二重人格者である

水田という環境

イネの特性を一言でいえば、水田に育つということ。あたり前の話ですが、それが何を意味しているかを深く掘り下げて考えないと、イネの能力もわからなくなってしまいます。

水が生きものにとって絶対に必要なことは、私たちが断食のときでも水だけはのむという例を引くまでもなく、下等な生物から高等な生物にいたるまでまちがいのない真理でしょう。そういう意味では、水がたくさんある水田に育つイネは、得な生活場所をもっていることになります。しかも、陸上とちがって水のなかは昼夜の温度差が少なく、また、季節による環境のちがいも少ないので、ゆうゆうと生きていることができます。

しかしマイナスもあります。水中の生活は、酸素呼吸に必要な酸素が少ないからです。酸素が、水のなかにたくさんあれば鬼に金棒なのですが、そうはいかないのがつらいところです。水には、水温二〇度のときでわずかに三・一%の酸素しか含まれていません。しかも、水田ではこのわずかな酸素も、イネより先に土のなかの微生物にとられて、水が張られた水田の土には、酸素はほとんど含まれていない状態になってしまいます。

水田で育つイネには、酸素不足をどう克服するかが求められることになります。

畑という環境

では、陸上の環境はどうでしょう。陸上は日照りもあるし、四季の温度変化や台風などもあります。水に守られた水田と比べると、生きる環境としてはたいへんにきびしい。ですが、酸素はふんだんにあって、しかも植物にとって重要な太陽の光がさんさんと輝いています。環境がきびしいといっても、水さ

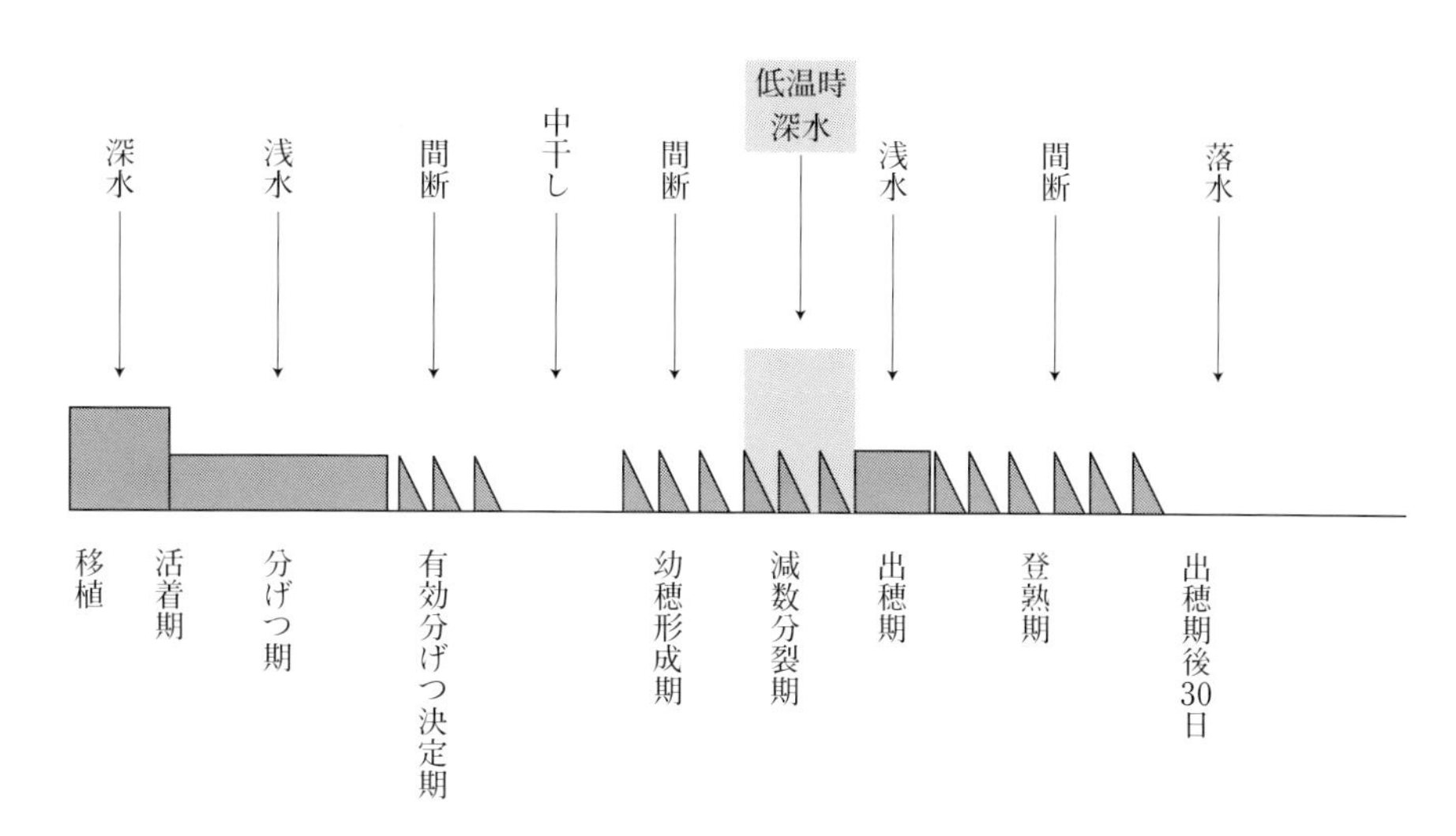

第2図　一般的な水管理体系
出典：福島県稲作指導指針（総合版）、1992（平成4）年3月、福島県農政部、一部改変

えあれば、光と酸素の豊かな陸上は、植物にとって、本当は絶好な生活場所であるはずです。

しかし、そうだからといって、いままで水中にいた生きものが、陸の光と酸素の恩恵に浴そうとのこのこ陸に上がっても、干上がってしまいます。

つまり、陸で生活するには、少ない水を利用して、それをむだづかいしない能力をもっていることが必要で、そういう植物だけが、陸上の酸素と光の恵みを受ける資格があるわけです。

そのことはサボテンを想像してみるとよくわかります。水の乏しい砂漠で大きなからだで生きているのは、多肉質で、水の蒸散が少なく、からだのなかに結構な量の水をたくわえていて、有効に水を使う性質をもっているからです。

水田・畑
徹しきれないイネの宙ぶらりん

イネの生活環境はどうでしょうか？　根は水田の水のなか、葉や茎は陸の上にあって、生きるために必要なものを陸上と水中の双方に求めています。考えようによっては、恵まれた生活環境です。

第1表　水管理の種類と生育や生育環境に対する効果

水管理の種類	保温効果	分げつ促進	養分吸収	酸素の供給
浅水	中ていど	高い	高い	無～少ない
深水	高い	無～少ない	中ていど	少ない
間断灌水	少ない	中ていど	中ていど	中ていど
落水・中干し	無～少ない	無～少ない	無～少ない	高い

出典：福島県稲作指導指針（総合版）、1992（平成4）年3月、福島県農政部、一部改変

しかし、この恵まれた環境が、イネを陸上植物でもない水中植物でもないという、どちらにも徹しきれない、「宙ぶらりんな性格」にしているともみることができます。つまり、酸素、光、水と三拍子そろった環境にイネが甘えてしまって、そのよさを積極的に利用する態勢が不完全になっているようにみえるからです。

たとえば、水をたくさん張った水田に田植えをしても、下手に苗づくりをしたイネは、ありあまる水田の水が利用できず、葉が巻いてしまいます。これなどは、イネの宙ぶらりんな生活態度の表われ。しかしこのことは、田植えでいたんだ根に過度の負担をかけないように、葉を巻いて蒸散をおさえているともみることができます。

からだの半分が水のなかというなまぬるい環境が、イネの性質にどうひびいているか、このことをどう理解するかが、イネを思いどおりに育てていく大きなポイントになります。

深水、浅水、走り水、間断灌水、昼間止水、飽水、花水（イネの花が咲く時期に与える水）、落水、土用干し、中干しなど、イネつくりには水にまつわる言葉がたくさんあります。それだけ、水管理が大切だということの表われでしょう。

第2図と第1表にあげたのは、代表的な水管理と、その水管理がイネの生育や環境に対してどんな影響をおよぼしているかをまとめたものです。

このように水の管理がイネつくりのうえで重要だというのも、イネのもつ二重人格の性格をどのように調整するかが収量に大きくかかわっているわけで、まことにもっともな話です。そういう意味で、水とイネとの関係をあらためて考える必要があります。

第四話

畑のイネ　田んぼのイネ

水分環境のちがいがイネにどんな影響をおよぼすのか、その関係を考えてみることにしましょう。ここでは、畑状態で育てたイネの典型としての「畑苗*」と、水を張った苗代で育てた「水苗*」を例に考えることにします。

環境に合わせた変幻自在

「畑苗」とは戦後開発された苗づくりの技術で、イネの生育期間が短い寒冷地帯でイネの生育を早めようと、育苗中に保温して、一日でも早くイネを大きくしたいという目的がありました。小柄ですがガッチリと育ち、田植え後の根づき（活着）もよいと、熱心な農家に喜ばれていました。

保温されていて暖かく、イネの生育にはよいのですが、畑で育つのでイネにとっては水不足。おまけに保温されることで蒸散が盛んになるため、さらに水がほしくなってしまいます。イネは自衛手段をとらざるをえません。

どうするかというと、まずからだを小さくします。つまり、家計簿と同じように「入るを計って出ずるを制する」というわけで、イネは葉の蒸散面積を小さくすることで、少ない畑の水でも生活できるように肉体改造（？）するわけです。畑苗が小柄でガッチリしているのはそのためで、イネは、水の消費量を少なくすることで水欠乏に耐えることを考えたのです。もちろん葉面積を小さくするばかりでなく、からだのなかの組みかえも行ないます。

一方、「水苗」は、文字通りたっぷりの水に囲まれて育ちます。常識的には、水田に移植（田植え）するのだから水苗代で育った苗のほうが、水になれているから根づき（活着）はよさそうに思えます。しかし、実際には、水苗代の苗は、葉が巻いて活着が遅れるから不思議です。

その理由は、水苗代で育ったイネは水をむだづか

＊畑苗と畑苗代：畑苗とは畑に種を播いて育てた苗のことで、その様式を畑苗代と呼ぶ。
＊水苗と水苗代：水苗とは水を張った苗代で育てた苗のことで、その様式を水苗代と呼ぶ。

いし、水分の節約を知らないから。つまり、水分調節の能力が発達しないのです。田植えするために苗床から抜かれた苗は、根が切れてしまい水が吸えません。しかも、葉のほうは水の調節能力が低いために、根からの水の吸収が悪くてもおかまいなく、葉からどんどん水分を逃がし、水気を失って葉を巻いてしまうのです。

もちろん、水苗にも水分調節の能力がぜんぜんないわけではありません。本田で葉が巻くのは、調節能力の一つの表われだからです。つまり、葉を巻くことで葉の表面積を小さくし、水の蒸散を防いでいるのです。

しかし、この調節はやむをえない自衛手段とはいえ、消極的で下手なやり方。なぜなら、葉が巻くと、水分蒸散量はおさえられますが、光合成をする葉の面積が少なくなるので、炭水化物の合成量が少なくなってしまいます。そのため生育は停滞し、根の出方も遅くなります。これが、水苗の活着が遅れる原因です。

（撮影：赤松富仁）

イネは水陸両棲作物だと考えてみる

畑苗が活着のよい理由はこれで理解できたと思いますが、さらにおもしろいことがあります。畑苗を分析してみると、からだのなかの蓄積養分も水苗とちがうのです。ふつう、水苗では、チッソの含量が多い若苗は、デンプンが少ない傾向があるのですが、畑苗はガッチリしていて、しかもチッソもデンプンもたくさんたくわえているのです。畑苗がこのような栄養状態になったのも、もとをただせば、私たちがイネを水分不足においこんで、水不足に耐える保水能力を強くしたからです。

このように、私たちの工夫しだいで、イネが秘めているいろいろな能力を強くしたり弱くしたりすることができます。だからこそ、イネつくりに上手、下手ができるのですが、どの能力をどう伸ばしたらよいのかを知ることが技術の基本になります。

第五話

イネと水の相性を深掘りすると

第四話で、水の環境に対応して、イネは自分自身を変えて対応する植物だとお話ししました。イネつくりの名人たちが「水の管理がイネつくりの上で重要だ」というのも、こうしたイネのもつ二重人格的な性格をどのように調整して多収を実現するかと考えていたからでしょう。第五話では、イネと水との関係を、根のまわりを中心に、もう一歩掘り下げて考えみることにしましょう。

根のはたらきと根まわりの酸素不足

根はいろいろなはたらきをしています。そのなかでとりわけ重要なものは、水分やチッソ、リン酸、カリなどの養分を吸収する作用です。

もともと養分吸収は、根の外にある養水分が、根に水が流れこむように簡単に入りこんでいくものではありません。根が養分や水を吸収するためには、エネルギーが必要なのです。私たちが、走ったり、とんだりできるのは、呼吸をすることによってエネルギーをつくり、そのエネルギーを使っているからですが、イネの根も、それと同じように、葉からもらった炭水化物を呼吸で酸化してエネルギーをつくり、その力で養水分を吸収しているのです。

イネに対して「二重人格者」のレッテルを張り、水陸両棲作物のようなものだと言いましたが、酸素の少ない水田のなかに入りこんだ根が、まったくの酸素ゼロ状態で元気にはたらくわけにはいきません(ひと口メモ参照)。

では、水田のなかのイネの根は、どうやって酸素を得ているのでしょう。ここからがイネの真骨頂です。

陸上から酸素を根に送りこむシステム

水田で育つイネは、酸素を陸上から送りこめるように、からだのしくみを変えました。それが「通気系」というしくみです。「通気系」とは、茎内に発達した、写真（下）のような、葉から根まで通じたパイプのような通気組織です。ちなみに写真（上）は、浅い水で管理したときの茎の断面。通気組織の発達が未熟です。この通気系によって、イネは茎や葉からからだのなかに空気を送りこみ、根は送られてきた酸素をもらって、酸素の少ない水田でも酸素呼吸をして、養分や水分の吸収を行なっているのです。

イネは、茎や葉が陸上で根は水中、といった極端な環境のちがいのなかで生きているわけですが、通気系というしくみをもつことで、その環境をうまく使いこなしているのです。

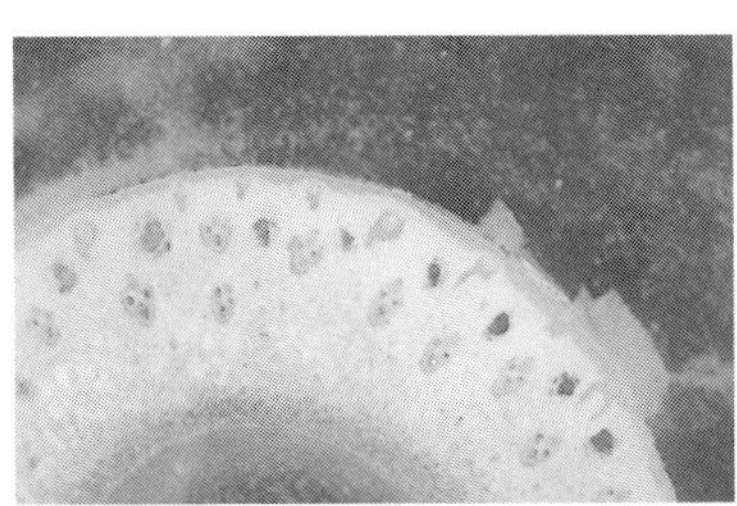

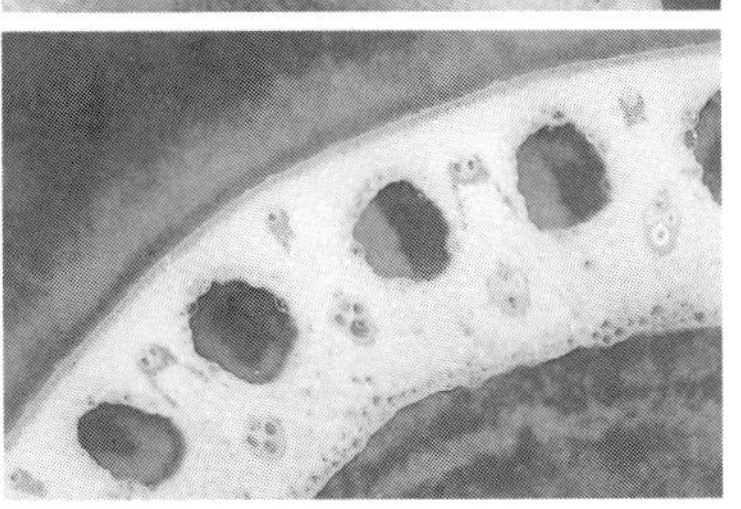

茎に発達した通気系
上：浅水で管理したイネ、下：深水で管理したイネ　（撮影：大江真道）

酸素で根まわりの毒を無毒化する

その上、この茎葉から送られてくる酸素は、水田のなかの毒物を酸化する役割ももっています。水田のなかは酸素が少ないから、腐って（還元して）硫

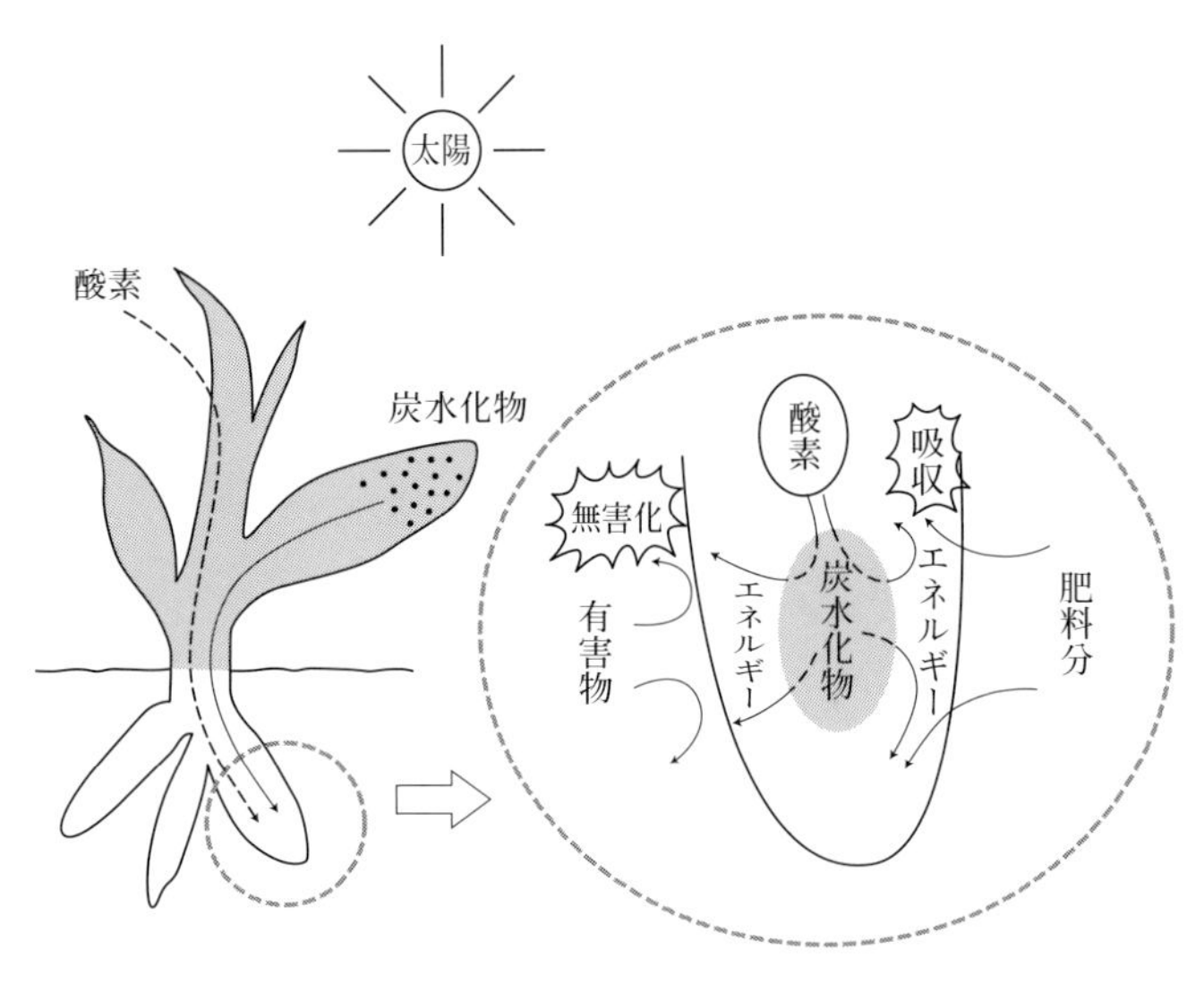

第3図　根のはたらきと呼吸

化水素やいろいろの毒物がでてきます。そこで、第3図のように、根は地上部からもらった酸素と、その酸素で得たエネルギーを利用して、こうした毒物を酸化して無害にし、自分ですみよい環境をつくっているのです。根のもっているこのはたらきを、私たちは「酸化力」と呼んでいます。

根のまわりの酸化と還元でおこること

寒い地方でときどき経験することですが、下葉はなんでもないのに、新しい葉が急に黄色くなることがあります。

イネの葉が黄色くなる原因には、いろいろありますが、下の葉からだんだん上の葉に向かって黄色くなるのは、チッソやリン酸、カリなどの不足によるもので、この場合は、新しく出てくる葉が黄色くなることはありません。しかし、なかには、下葉が緑色をしているのに新しい葉が黄色くなってくることがあります。これは鉄やマンガンなどの金属類が不足したときにおこる症状です。

水田は、イネに必要な養分をたくさんもっています。水田に水が張られたあとに気温が上がってくると、土の養分をエサにして微生物が繁殖し、土のなかの酸素を使いつくします。その結果、水田は還元になりますが、この還元は、有害物をつくるという悪いはたらきばかりでなく、あるていどの還元になるとリン酸や鉄を水に溶かして、イネが吸収しやすいような形に変えてくれます。つまり、還元は、イネが必要とするリン酸や鉄をふやすはたらきもしてくれるのです。

ところが、水苗代ではそれがうまくいきません。地温が低いので微生物がはたらかず、床土のなかが還元にならないために、リン酸や鉄が水に溶けてこ

ひとロメモ

酸素呼吸と無酸素呼吸

イネの根の一部には、酸素なしの呼吸、つまりアルコール発酵のような方法によってエネルギーを獲得するしくみ(無酸素呼吸)をもってはいるが、その割合は少ない。かりにその作用を大きくしても、無酸素呼吸によって得られるエネルギーは、酸素を使った呼吸によるエネルギー発生の16分の1にすぎない。一生懸命はたらくためのエネルギーを得るには、得られるエネルギー量の大きい酸素呼吸にかぎるわけだ。

ないからです。

一方、水になれっこになっているイネは、それに気がつかないで酸化力をはたらかせてしまう。そうなると、水田のなかのわずかな鉄も酸化してしまうために、かえって吸えない形に変えてしまいます。自分で自分の首をしめるようなもので、イネは鉄が吸えないで黄色くなるのです。こんな場合の鉄不足は、鉄分をやるか、また水温が上がって還元が強くなってくるとなおります。

このように、イネには「酸化力」というすぐれた特性がある一方、その特性がマイナスにはたらく場合もあるので、一つの判断をあやまるといろいろな障害の原因になることを知っておいてください。

現在では、鉄の吸収には酸化還元による溶出だけでなく、イネ科作物、とりわけオオムギでは、鉄欠乏のシグナルを根で感知すると、鉄を吸えるようにするキレート物質（ムギネ酸）を根で合成して根のまわりに分泌し、水に溶ける鉄に変えて根から吸収していることが明らかになっています（ひと口メモ参照）。

ひと口メモ

鉄欠乏を克服する植物の力・人間の知恵

世界の耕地の7割弱が不良土壌といわれ、その半分がアルカリ土壌。鉄が吸収されにくく、収量は低い。そうした土壌で増収できれば食料問題も緩和される。しかし、それに対する安くて効果的な肥料がないのが現状だ。そうしたなか、植物は進化の過程で、人間は、植物の遺伝子操作や伝統的な農法によって、鉄問題に挑戦してきた。

一つが、イネ科作物が獲得した「ムギネ酸」による鉄吸収システム。ムギネ酸の生合成能力が高いほど鉄欠乏に強い。その順番は、オオムギ＞コムギ、ライムギ＞エンバク＞トウモロコシ＞ソルガム、イネ。

二つめは、鉄欠乏耐性イネの作出。森敏東京大学名誉教授は、鉄欠乏耐性の高いオオムギから鉄欠乏耐性に関係する遺伝子をとりだして，それを鉄欠乏耐性のもっとも低いイネに遺伝子導入し，飛躍的に鉄欠乏耐性の高い品種をつくりだした。

三つめは輪作だ。インドでは、マメ科のピジョンピーを輪作することでリン酸鉄を利用できるようにし、切り離された鉄は、イネに利用されるしくみを伝統的につくりあげている。これこそ、文化であり、平和への道ではなかろうか。

第六話

田んぼがかかえる二つの矛盾

ここまで二、三の例をあげて、水の管理でイネの性格が変わることを話してきました。しかも、苗の場合には、水分の少ない畑に育った畑苗が元気なこともお話ししました。それならいっそ、畑苗をつくって、水田ではなく畑に植えたらどうかと考えたくなりま す。しかし、結論ははっきりしています。畑に植えたのでは、収量は下がってしまいます。水田は、畑とちがったたくさんの利点をもっているからです。

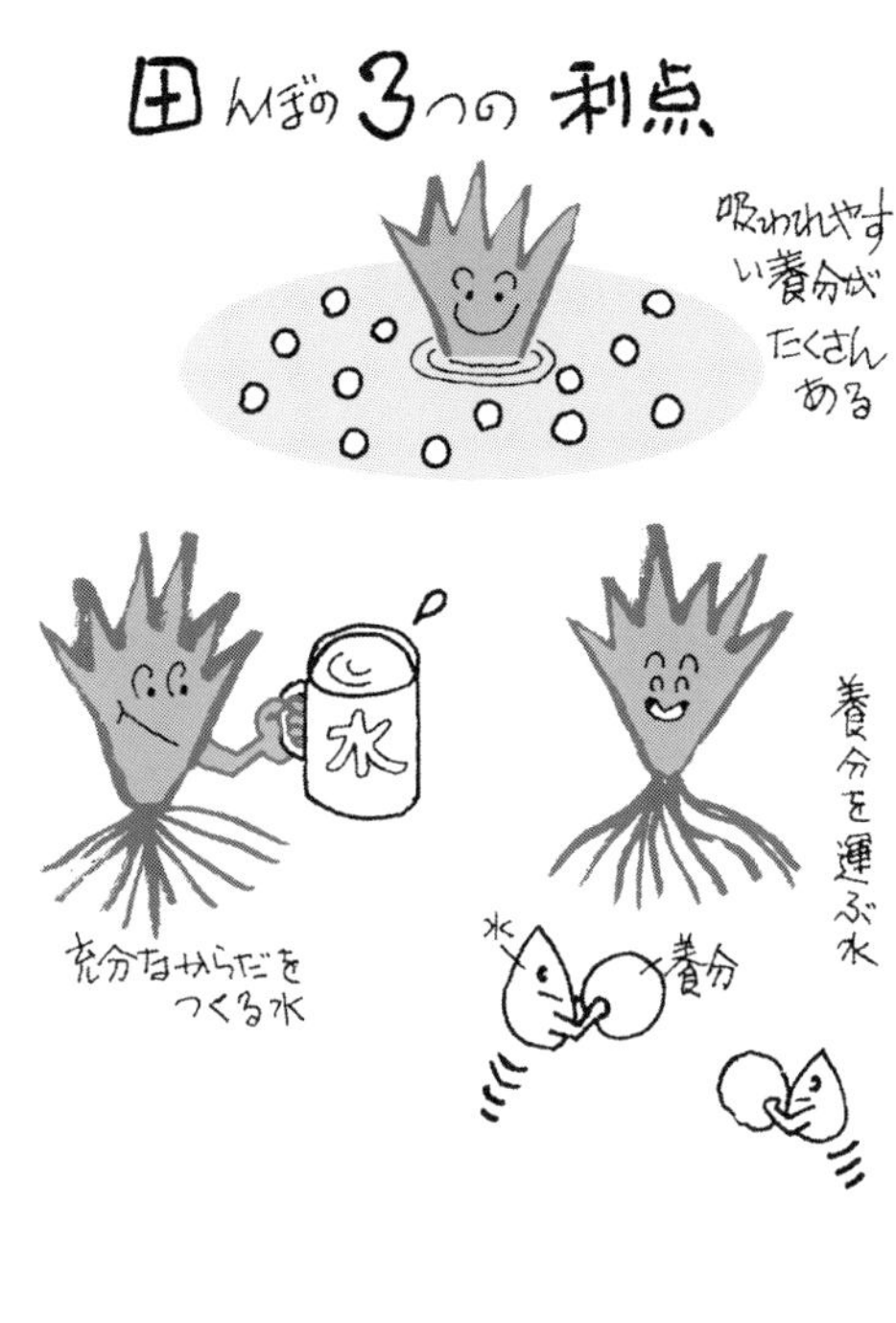

田んぼの利点はどこに？

では水田の利点は何か？　ここでは、イネの栄養とその生理にしぼって考えてみることにします。

まず、第一には、くりかえしになりますが「水田ではイネに吸われやすい養分がたくさんある」こと。つまり水田では空気が少なく還元になり、リン酸とか鉄ばかりでなく、マンガンそのほかの養分が吸われやすい形になって、根のまわりにたくさん集まってくることをあげることができます。根の養分吸収にとっては好都合です。また、カリはチッソとだいたい同じ量だけ必要ですが、天然の灌がい水に含まれていますから、水田ではなかなかカリ欠乏はおこりません。

実は、リン酸やカリは、日本にその資源がなく大半は輸入品です。輸入がなくなった戦時中、肥料不足にもかかわらずイネをつくることができたのは、イネを水田で育てていたからであって、もしムギつくりだけだったら、もっとたいへんな食料問題がおきたにちがいありません。

第二の利点は、「水が養分をいつも根のまわりに運ぶ」ことです。畑では根が伸びて肥料をさがし求めるのがふつうですが、水田はその必要がありません。古くからムギは肥料でつくり、イネは土でつくるといわれてきましたが、もっともなことです。

最後に水田のもう一つの利点として、「水そのもの」があります。畑苗が水分を調節するために葉を小さくすると話しましたが、米をとるためには、与えられた光を充分利用しなければなりません。そのためには、からだが大きくなることが必要です。充分なからだをつくるには、水が絶対に必要なのです。その意味で、水の豊かな環境では、イネの生育が非常に速い。これが第三の利点です。

しかし、この利点の調節が非常にむずかしく、下手に水でからだを伸ばしすぎると、過繁茂になったり、倒れたりしてしまい、多収など望むべくもありません。

まさに、「水を制するものはイネを制する」といっても過言ではありません。

利点と欠点は裏腹の関係

水管理との関係でもう一つ大きな問題は、有害物の問題です。

イネには「秋落ち」という現象があることをご存知でしょうか？　これは水を張った水田が夏の高温で還元状態になり、硫化水素や有害な有機酸が発生して根をいためるのが一つの原因とされています。ごま葉枯病、赤枯れ症そのほかの病気や障害も、根がいたむことにともなって発生してきます。つまり水田は還元になり、それでリン酸や鉄などが有効化して養分が豊かになるのですが、そのことはまた有害物をつくる原因であることが、水田のもつもう一つの矛盾なのです。

有害物はどう有害かというと、根の養水分吸収を阻害し、水田にあるたくさんの水や養分を吸えなくすることにあります。第五話の根の養水分吸収と酸化力のところで、根は葉や茎から空気中の酸素をもらって酸素呼吸をし、そのときできたエネルギーで養分や水の吸収、または有害物を酸化していることを話しましたが、水田に有害物がたくさんできてくると、さすがのイネの酸化力も力つきてだめになり、とくに、酸素呼吸がおかされるので呼吸ができなくなります。これが根腐れの一つの原因になります。

水田にできてくる硫化水素は、第4図でもわかるように、人が青酸カリをのんだときと同じように、イネの根の呼吸を止めてしまいます。酸素呼吸ができなくなれば、根は全体の活力が衰え、養分や水分の吸収はもちろん、いろんなはたらきができなくなります。

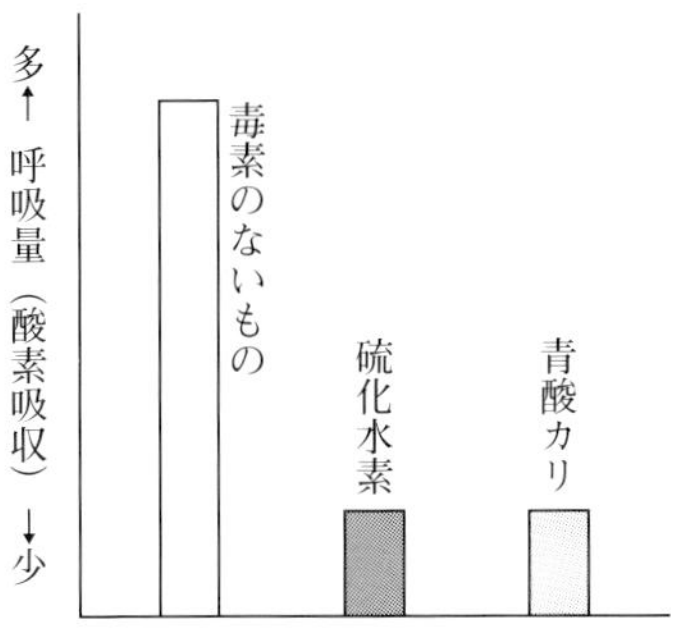

多↑　呼吸量（酸素吸収）　↓少
毒素のないもの
硫化水素
青酸カリ

第4図　毒物と根の呼吸量
濃度によって呼吸のおさえられ方はちがうが、硫化水素も根にとっては青酸カリと同じように猛毒である

有害物をとり除く方法には、排水があります。しかし、徹底的に排水して有害物をとり除けば、水田がもっているたくさんの養分もいっしょに逃げてしまい、水田の利点は生かされないことになってしまいます。

排水試験をしたところ根は健全になったが、収量はふえなかったという報告が意外に多いのはそうした理由でしょう。これは、養分が多いという水田の利点を、排水によって逃がしてしまったためです。

要するに、水田の利点と欠点は裏腹なことが多く、そのよい点を積極的にひきだして、利用するのが技術というもの。その一つに、出穂時期が近づいてきたら、田んぼの表面の水だけを落として「飽水状態」に保つ、かつてのイナ作名人たちの水管理があります（第十九話参照）。

土用干し、中干しの意味

排水問題がでたついでに、イネつくりのなかで重要な技術と考えられている「土用干し」、「中干し」

についてふれておきましょう。

土用干しは、暖かい地帯で開発された水管理の技術です。夏土用のころは気温も上がり、微生物のエサがたくさんある水田では、微生物の活動によって土のなかの酸素が少なくなって、還元による硫化水素のような有害物ができてきます。できた硫化水素が鉄につかまり、硫化鉄になると害はないのですが、暖地では鉄分の少ない、いわゆる老朽化水田が多く、硫化水素の発生をおさえることができないし、それ以外にも酪酸などの有害物も発生してきます。そこで、落水して有害物を水といっしょに流したり、土に空気を入れて無害にしようするのが暖地の土用干しです。同時に、鉄分の客土なども行なわれ、でてきた硫化水素を鉄でおさえようとしました。

中干しも、水田の水を落とすのは同じですが、寒地と暖地との条件のちがいや、なんのためにやるのか、目的をはっきりしたうえで考えないと、プラスになる面よりもマイナス面のほうが多くなってしまいます。

たとえば、寒いところでは鉄の客土は効果が少ないし、硫化水素のような還元による有害物がたくさん発生する田んぼは別ですが、比較的毒物の少ないところで、一週間もつづけて田にひびが入るように干してしまうと、たしかに土のなかに空気は入りますが、それがもとで、酸素を利用する好気性の微生物がふえてきます。一時期、分げつを抑制するという目的で、土の表面から土ぼこりが舞うほどカラカラに干している水田がよく見られました。そんな水田では、中干しが終わって水をかけたとき、せっかくとりこんだ酸素も、たちまち、中干しによってふえた好気性の微生物にとられて有機物が分解され、前よりも一層ひどい還元になってしまいます。

つまり、水田が還元になるのをおそれて強い中干しをすると、中干し後に水を入れたときに、根は極端な畑状態から急に強い還元の状態においこまれるために、まいってしまうというわけです。

その意味では、水田の排水は有害物を少しとり除くていいどと考えて、少々の有害物は、根の特性である酸化力によって無害にしていくほうが賢明です。あるていど還元になることは、土のなかの養分が有効化してくるわけで、水田の利点がそのまま生きてきます。つまり根のまわりの環境をよくしてやることばかりを考えないで、根に力をつけて、還元に対抗していくことが大事なことです。

ここでは中干しと田の酸化還元についてお話ししましたが、「中干しでチッソを逃がす」とか、「中干し後に水を入れると、白い新しい根がふき出してくる」と自慢げに話す人もいます。それについては第二十三話で詳しく書きましたので、ぜひお読みください。

根の酸化力を高めるには

では根の酸化力を高めるには、どうすればよいのでしょうか。

根の酸化力は、内容の充実した新しい根ほど大きく、新しい根であってもチッソ不足で長く伸びた根の酸化力は弱いといわれています。また、出穂が始まり、新しい根が茎から出なくなってくると、根は全体として酸化力が弱くなってきます。出穂期になると、イネ全体が穂づくりに集中するので、炭水化物は根のほうにまわりきらずに、根が弱くなってくるからです。

もう一つ重要なのは、チッソやカリが不足すると酸化力が弱くなるということ。また、同じチッソ不足でも、生育初期にたくさんチッソを吸っていたイネが、茎や葉の生育においつかず急に肥切れしてくると、酸化力が弱くなり、根腐れになりやすくなります。その理由は、チッソが多いと根が急激に伸びはしますが、同時に根は微生物のエサになるものを根の外に出しているためです。

イネを水耕培養で育て、チッソを培養液からとり除くと、根のまわりが還元になり硫化水素が出てきます。とりわけ、根の量が多くなった節間伸長期に入ってからチッソを切ると、分げつ期に切るより培養液の硫化水素濃度が高くなります。

根の酸化力を強める方法は、これまで話したことから考えて、栄養状態を豊かにし、しかも栄養状態の急激な変化をさけること。この二つが大切であることを理解していただけたらと思います。

第七話

水はイネの生育を支配する

第六話で、「水を制するものはイネを制する」という言葉の意味を、イネの根のまわりの環境からお話ししました。今回は、ある意味、イネの生長をコントロールしている、生長ホルモンと水の関係について掘り下げて考えてみましょう。

生命現象のカラクリ

生命現象は複雑なもので、簡単な一つの道だけで生活をつづけているものはありません。たくさんのカラクリがからみあって、すばらしい生きものの力を発揮しているものです。

しかし、イネは人間とちがい、寒いからといってストーブをたき、水不足だからといってダムをつくる、といった知恵があるわけではありません。水が不足すると、からだのしくみがそれに応じて組みかえられ、結局、葉が小さくなったり、葉を巻いたりするのであって、けっして、水のむだづかいをやめようと考えたうえでのことではありません。

イネはなぜ、ある環境の変化に対して生命を維持する対応が可能なのか？　この辺の事情を、生理的にもう少し掘り下げて知っておくことが、「水を制するものはイネを制する」という考えを実行するうえで大切になります。

生長ホルモンの存在

その昔、多くの人たちは、白人は白人、東洋人は東洋人と、この世のはじめから神のおぼしめしでつくりわけられていたものだと信じていました。ところが、白人も東洋人もその祖先はサルのようなものだったという、生物の進化説をだして、世間をおどろかせた人がいました。『種の起源』を著したチャールズ・ダーウィン*です。ダーウィンはまた、植物についても、またまたびっくりするような新しい考えを提案しています。

＊チャールズ・ダーウィン（1809～1882）：イギリスの自然科学者で、自然選択による進化論を発表。ミミズが土壌に与える影響についても発表。

それは、植物の生長に関係するもの（いまでいうホルモン）があるということを暗示したことです。彼は、植物が光のあるほうに曲がるという性質を、エンバク、インゲンやイネ科の植物を使って詳しく観察しました。

そのとき彼は、いろいろ実験を行なっています。そのなかに、エンバクの芽生えの先端をハサミでちょん切って、上から光をあてた実験があります。そのエンバクの芽生えは、知らぬ顔をしてまっすぐ立ったまま伸びていきました。それでダーウィンは考えました。芽生えの一方から光をあてると、芽生えの上のほうから下のほうに影響が伝わり、それによって芽生えは光のほうに曲がる！　この芽生えの上のほうから伝わる影響が、いまでいうホルモンでした。

ホルモンといえば、種なしブドウをつくるジベレリンもホルモンの一種ですし、除草剤の二・四－Dもホルモンの一種であることはよくご存知のことと思います。

生長ホルモンというこの大事なものは、ハサミとわずかばかりの道具で発見されたものでした。しかし、問題は道具ではありません。彼が芽生えの先をハサミで切りとってみようという気をおこしたのは、それまでに、あくことなく植物を観察しつづけた結果、ハサミを使いたくなったのです。

話はわき道にそれますが、生きものの性質を知るには、観察、つまり自分の目でじっくりと植物の動きを確かめることが、いかに大切かあらためて考えさせられます。イネもまた植物、その性質を知ろうとするには、自分の目を信じて、なんでも確かめる態度を忘れてはいけません。

ひと口メモ

ホルモンの正体

エンバクの芽生えの先端のほうで、植物の生長を支配する物質がつくられていることをはじめて実証したのは、オランダのウェントである。彼が実験に成功したのは、1926（大正15）年4月17日の午前3時。その後、ウェントが実証したホルモンは、実際に植物からとりだされ、また、そのはたらきと同じような化学物質がみつけられたが、習慣上これらをいっしょにしてオーキシンと呼んでいる。

いまでは、オーキシン以外にも、サイトカイニン、ジベレリン、アブシジン酸、エチレンなど、植物の生育を調節するホルモンがみつかっている。

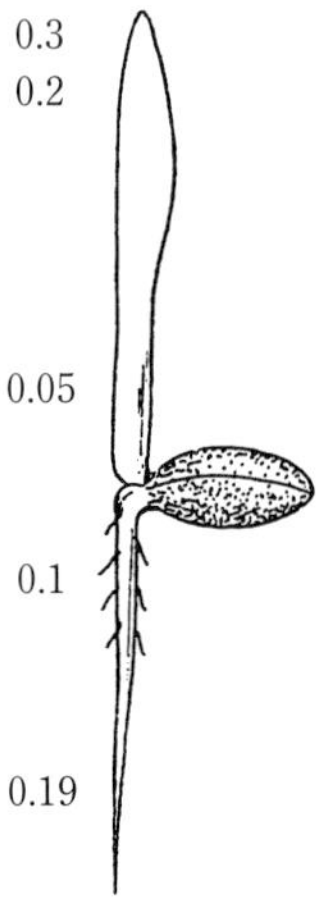

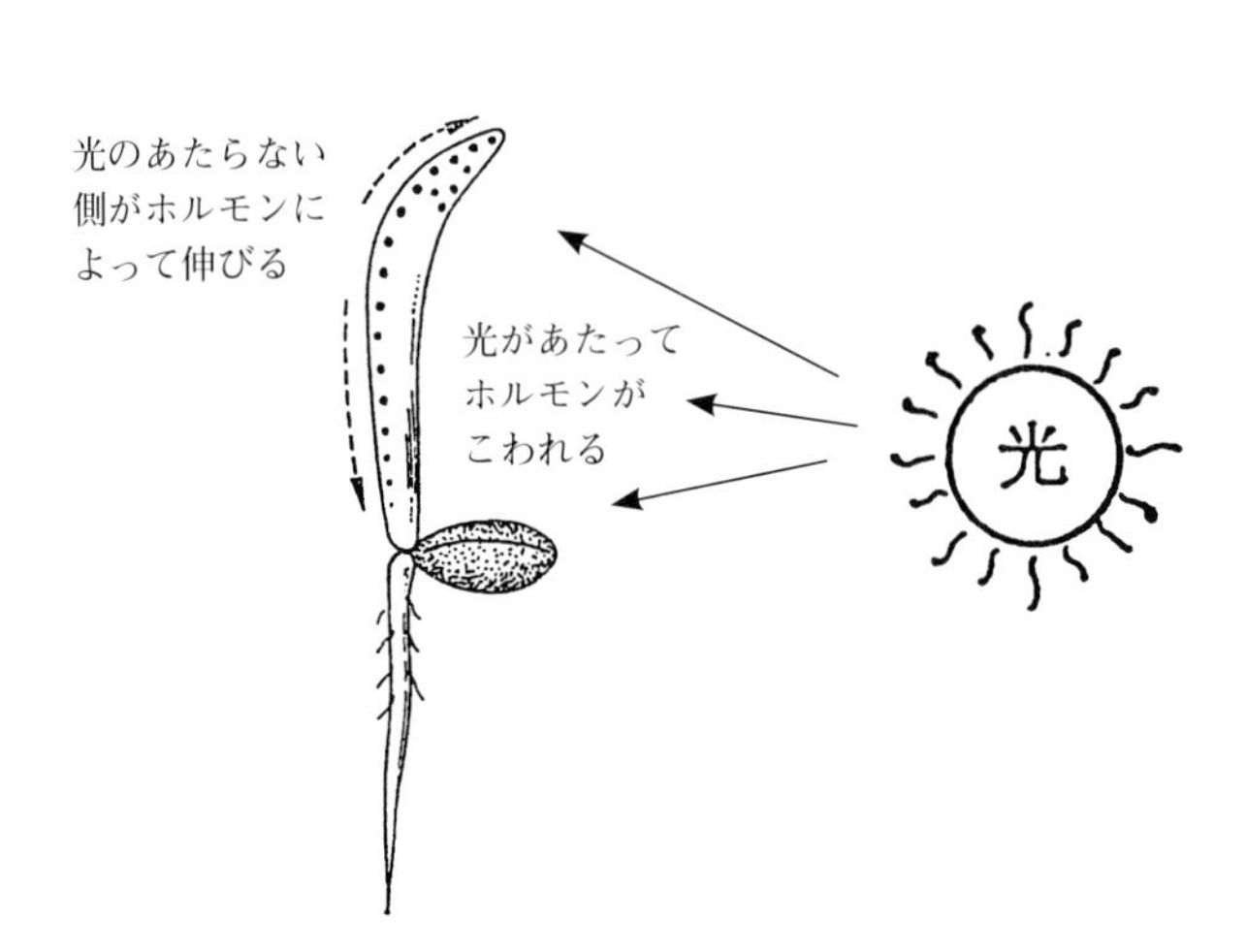

第6図　エンバクの芽生えが光の方向に曲がる理由

0.3
0.2
0.05
0.1
0.19

第5図　エンバクの芽生えと
ホルモン（オーキシン）の含量

ホルモンと光のおもしろい関係

ところで、エンバクに光をあてると、あてた方角にエンバクの芽生えが曲がるのはなぜだろうか？そしてホルモンとの関係は？

ダーウィンは、「上から下のほうに影響が伝わった」と考えたわけですが、今風にいえば、「伸長に関係のあるホルモンは、芽生えの先でつくられ、そのホルモンが芽を伝わって下のほうに送られ芽生えを伸ばしている」ということ。その後、オランダのウェントやデンマークのボイセンイエンセンらによって研究がすすめられ、ホルモンの存在と、そのはたらきが明らかになっていきました。

第5図に、エンバクの芽生えに含まれているホルモンの量を示しました。たしかに、芽生えの先のほうがホルモンが多いことがわかります。

ところが、光にあたるとこのホルモンはこわされます。だから光があたったほうは、ホルモン不足で伸びなくなり、反対に光のあたらないほうはホルモンがたくさんあるので伸びる（第6図）。芽生えの両側の伸び方がちがうために、ちょうど芽生えが光

葉のない株に砂糖・硫安だけを与えても根は出ない

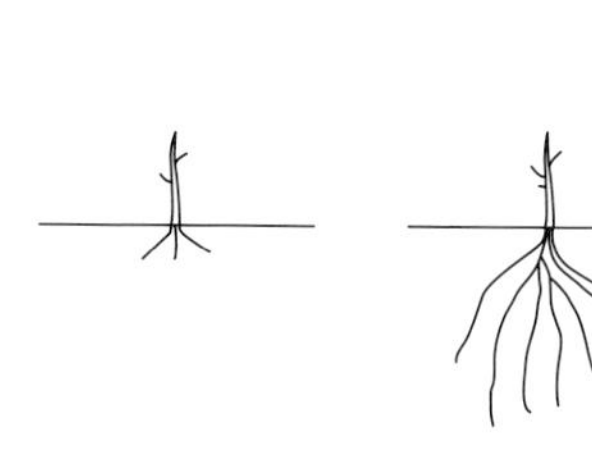

葉のない株にホルモン・砂糖・硫安を与えると根はたくさん出る

ホルモンを与えた株から出る根は、葉の数が多いほど多く出る

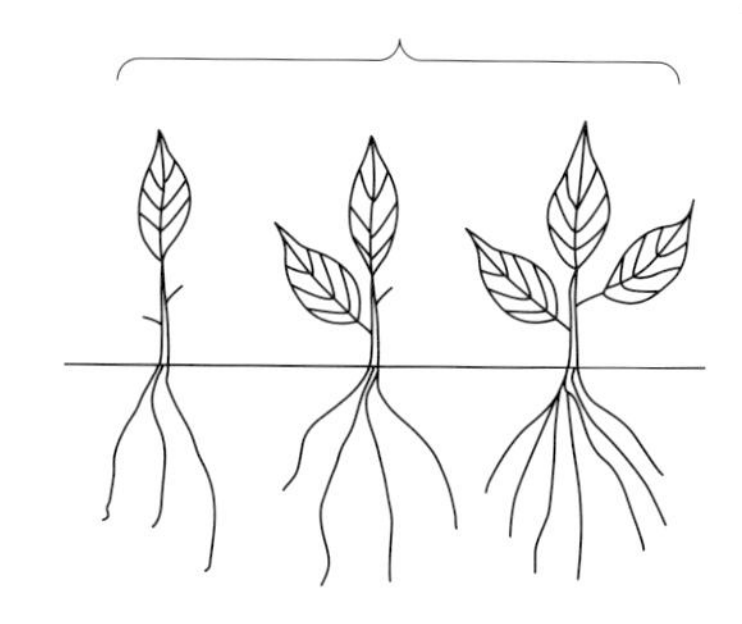

第7図　ホルモンのはたらきと発根

を求めてそのほうに曲がるような姿になるわけです。倒伏したイネが立ちあがるのも、同じような理由です。

いずれにしても、ホルモンはからだを伸ばすのにはたらき、そのホルモンは光でこわされやすいことを知っておいてください。マメモヤシが暗いところでよく伸びる理由も、これでおわかりでしょう。

ところで、このホルモンですが、ホルモンだけでははたらきようがありません。

たとえば、切株から根を出すにもホルモンがはたらきますが、第7図の実験でもわかるように、ホルモンを与えた切株から出る根の数は、葉の数が多いほど多くなります。葉がなくても、切株にホルモンと砂糖と硫安を与えると、葉が三枚あるときと同じ数の根が出ます。ところがホルモンを与えないで、砂糖と硫安だけにすると根が出てきません。

このことは、砂糖、つまり葉でつくられる炭水化物と、硫安（これはからだのなかで炭水化物と結びついてタンパク質になる）がなければ、ホルモンははたらかないということです。

ホルモンは光でこわされます。つまり葉鞘が伸びたり葉が伸びるのは、からだのなかのタンパク質と炭水化物の量、ホルモン、それに光とのバランスで決まることがわかります。

実は水がホルモンを左右している

ただし、もう一つ大切なものを忘れてはいけません。それが「水」です。葉や葉鞘がホルモンなどの作用で伸びるのはからだのなかの細胞が大きくなる結果ですが、そのためには、細胞が水を含んで、ピンと張っていなければなりません。

話は複雑になりましたが、伸びる条件として炭水化物、タンパク質、ホルモンがそろっていても、水が不足しては伸びようがないということを伝えたかったのです。これが、第四話でお話しした畑苗のように、水不足のときからだが小さくなる一つの原因です。それに、畑苗は水苗とちがって下葉や葉鞘が地表に出ているので、その部分にたくさんの光があたります。だからホルモンもこわされて、ますます小柄になります。また、ホルモンが少ないから、葉でつくった炭水化物も、根が吸収したチッソをもとにしてつくったタンパク質も使いようがなく、からだにたまっていってますますガッチリしてくるというわけです。

よくやられていることですが、苗の草出来が悪く、田植えに都合が悪いと思うときには、苗代を深水にして苗を伸ばしてから植えるという方法があります。たしかに思うように伸びますが、これは伸びるのに必要な水と、葉鞘部分に光があたるのを深水で防ぎ、ホルモンをふやした結果です。しかし、こんな伸び方をさせると、炭水化物やタンパク質のふえ方がおいつかず、いわゆる徒長形となり、活着の悪いイネになってしまうことはおわかりだと思います。

イネを育てる以上、あるていどからだを大きくしなければ、イネつくりになりません。しかし、中身のない伸ばし方をしてはまったく意味がない。栄養をたくわえながら、手ごろの大きさにすることが望ましいことで、それには、水と光でホルモンを調節しながら育てることが大切です。

このことでお気づきだと思いますが、曇天のときと日がカンカン照っているときでは、イネに対する水の影響が変わってきます。日がカンカンに照れば、炭水化物もたまり、ホルモンも抑制されるので、徒長することはありません。しかし、曇りで温度の高いときに水管理を失敗すると、イネは一日でひょろひょろになってしまいます。
「水を制するものはイネを制する」と言いましたが、それは天候とにらみあわせてのことであって、その点がぴたりといかなければ、水でイネを制することにはなりません。

A、Bはともに3本植えの株。Aは田植え直後から深水をつづけ、17cmくらいまで水を入れた。Bは最高でも10cmまでしか水が入れられなかった。Aのイネのほうが丈が長くて茎も太く、ガッチリ大柄。葉耳の高さも高い位置でそろっている

水管理の深さとイネの育ち

水の深さとイネの育ちは、これまで述べてきたように、実に深く結びついています。イネが水に隠れるようになると一晩に三〇センチメートル（以下、センチと表記）も伸びるような東南アジアの「浮きイネ」はもちろんですが、日本でも、意識的に水深を深くすることによってイネをコントロールする、「深水栽培」という方法が開発されています。詳しくは、次ページのカコミをご覧ください。

そのほか、地球温暖化のなかで大きな問題になっているイネの「高温登熟障害」に対しても、水田に水を流すことで、水の気化熱を利用して穂の付近の気温を下げ、被害を減らすことも行なわれています。

まさに、「水を制するものはイネを制する」ですね。

水でイネをコントロールする**深水栽培**

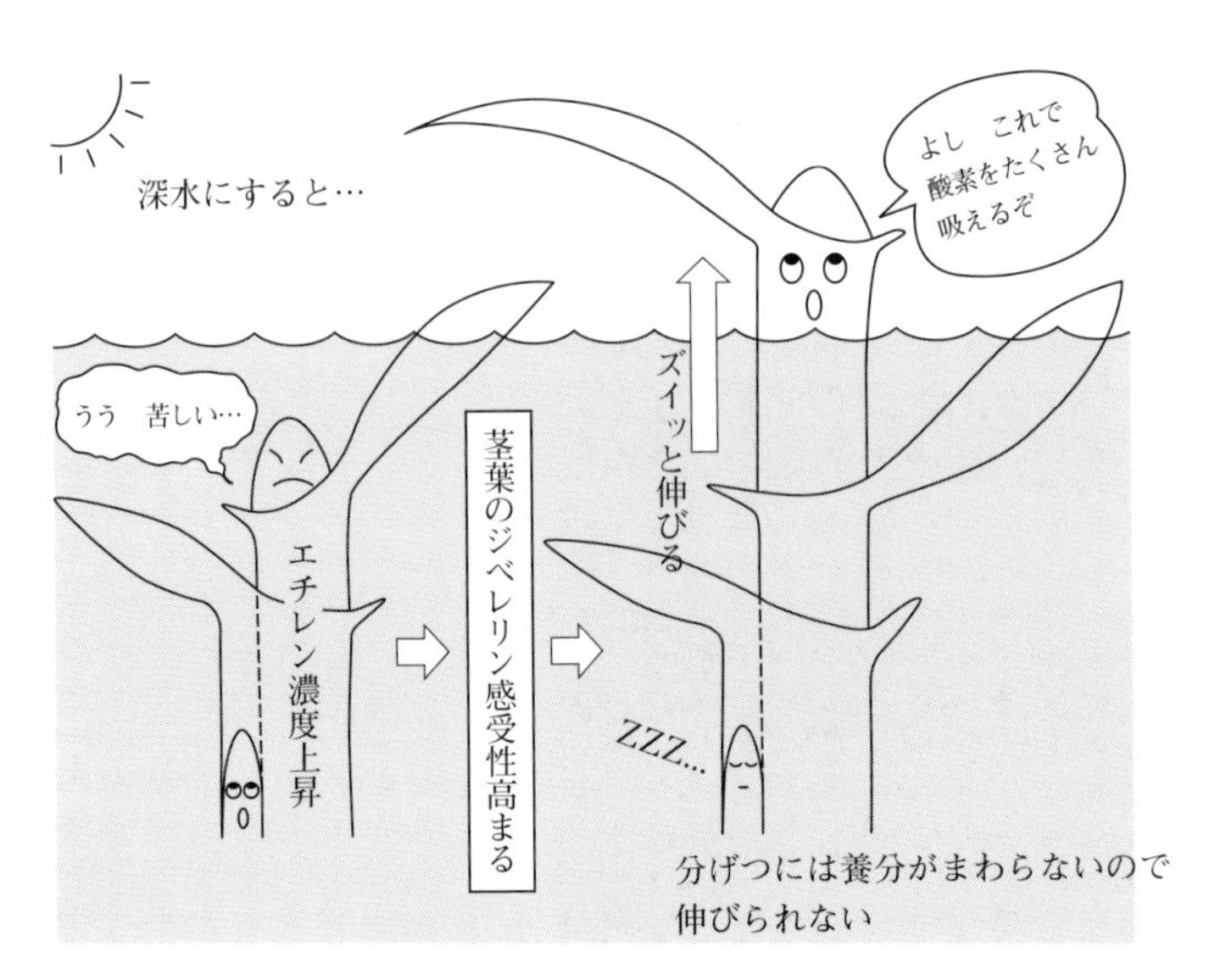

深水でイネはこうして大柄になり、分げつがおさえられる
主茎の一番上の葉耳が水没するような深水では、酸素が少ないし光もよくあたらないので、イネにストレスがかかる。ストレスがかかるとイネ体内のエチレン（植物ホルモンの一つ）濃度が高まる。エチレンにより茎や葉がジベレリンを感じやすくするので、茎や葉が盛んに上に伸びる
（出典：大江真道『イネの深水栽培』より）

深水栽培とは、有効分げつ数決定期から最高分げつ期までの二週間、だいたい第九葉あたりから、その時期にもっとも上位にある完全展開葉の葉耳の高さに水位を固定する水管理である。

この技術を研究した大江真道先生（大阪府立大学）は、深水管理によって、①イネが大柄になる、②葉耳の高さがそろう、③分げつが抑制される、④茎が太くなり、穂が大きくなる、といったイネの変化があるという。

イネが大柄になるのは上の図のように、深水による茎葉の伸びで、草高が高くなることによる。

これは、深水によって酸素不足になった茎のなかでは、ホルモンの一種であるエチレン濃度が上昇し、それが茎葉のジベレリン（植物を縦に伸ばすはたらきをするホルモン）感受性を高めるため、茎葉が伸びてイネが大柄になるというわけだ。一方、茎のなかで伸びようとしていた分げつには養分がまわらないので、分げ

つが抑制されることになる。
深水栽培では、主茎の葉の伸長が優先されるように光合成産物の分配が一時的に変化し、それによって主茎の葉が水面上に展開してくる。第十話で、主茎と分げつ茎との間での養分の分配の問題にふれるが、実に興味深いできごとである。

さて、葉耳の高さがそろうのは、葉鞘の先端部分を水面近くまで伸ばして空中の酸素をとりこもうとする、イネの生育反応の結果である。酸素をしっかりとりこんで、葉を水面上に広く展開しようとしているわけだ。左の写真は、水位を変えて栽培したポット栽培での、イネの姿のちがいである。

茎が太く、穂が大きくなるのにもホルモンが関係している。大江先生はその理由を次のように考えている。

「深水処理によって無駄な分げつの数が減り、一本一本の茎に十分養分いき渡ること」、「一本一本の茎に充分スペースがあること」、「深水による低酸素条件あるいは水圧によって誘導されたエチレンが、低酸素条件が緩和されると今度は肥大成長を促進する方向に働く」

深水栽培による茎の肥大は広く認められており、茎、とりわけ下位節間の太さは増し、大きな穂をつけても倒れにくくなると、大江先生はいう。

水面付近での葉耳のそろい（矢印は水位を示す）
左：浅水管理、右：深水管理
（出典：大江真道『イネの深水栽培』より）

出穂期に最高の葉面積を確保する、40日前のイネ姿！

②

（「疎植水中栽培」を提唱する薄井勝利さんのイネ）

慣行のイネの出穂40日前の姿
1m²当たり21株植え（坪70株）

疎植水中栽培の出穂40日前の姿
1m²当たり10株植え（坪33株）

疎植水中栽培では、株が開張し全体に充分な光があたるので、内側の茎からも力強い分げつが発生する。一方、慣行の密植イネの場合は、すでに茎数が多く、内側に光があたらない。比較的太い親茎などからの分げつが出ない
（撮影：倉持正実）

上のイネの写真は、水の力を最大限に生かした「疎植水中栽培」を提唱し、毎年美味しいお米を多収している、福島県の薄井勝利さんの、出穂四〇日前のイネの姿。見ておわかりのとおり、薄井さんのイネ（右の写真）は株全体が開張し、全体に光があたっている。この姿だと、内側の茎からも力強い分げつが発生してくる。

左の写真は、ふつうに栽培されているイネの四〇日前の姿。茎数はたくさん出て四〇本はありそうだが、株の内側はもはや混雑していて、光があたらない状態になっている。これでは、比較的太い親茎からも分げつは期待できそうにないし、10ページの図で示した無効分げつ（死んでいく茎）もかなり発生してしまいそうだ。

薄井さんは、出穂四〇日前（止葉から数えてマイナス五枚目）は、一五枚目が止葉になるコシヒカリだと一〇葉期にあたり、この時期の茎数は、最終的に目標とする穂数の三五％でいいと考えている。そこまでいかなくとも、五〇％以内にはおさえる。この時期から、イネは新しい茎葉をつくるだけでなく、節間を伸ばし、根を深く張り、穂をつくるためのチッソも吸収できる。

もし写真の慣行栽培のイネのように過繁茂になってしまうと、肥料を施すと無効分げつが出たり、茎は細く、下位節間も伸びてしまい、倒れやすくもなってしまう。

第三章

イネが吸う養分とからだのなかでのゆくえ

イネは、いつ、どんな養分を吸っているのでしょう？　吸われた養分は、葉を伸ばし、分げつをふやしていくイネのからだのなかで、どんな動きをしているのでしょう？　同じ養分量を吸収しても、時期によってはマイナスになるのがイネつくり。

第三章では、主茎と分げつ茎、古い葉と新しい葉、穂への養分転流のしくみなど、イネのからだのなかをみていくことにしましょう。

第八話

イネはいつ、どんな養分を吸っているのだろう？

米一〇〇キロとるのに必要なチッソ

水田の豊かな水と養分を上手に利用することが、イネをつくる基本です。昔から「米一石・チッソ一貫匁」といわれてきました。いまの重さの単位になおすと、「米一五〇キロ・チッソ三・七五キロ」。

実際にイネの収穫物を分析した実験結果でも、米一五〇キロに対して吸収したチッソは三・三八キロくらいと報告されており、これを米一〇〇キロに換算すると、チッソの量は約二・二五キロということになります。したがって、六〇〇キロの収量をあげるには一三・五キロ、七〇〇キロだと一五・八キロのチッソが必要になる計算です。

もっとも、水田は養分をたくさんもっているので、無肥料で栽培しても三〇〇キロはとれます。つまり、七キロ近いチッソは水田から補給されていることになります。

つまり、チッソの施肥量を考えるとき、計算上は目標とする米収量に必要なチッソの量から、水田から供給されるチッソの量を差し引いた量を与えればいいのですが、実際にはそう単純ではありません。

その理由には、施した肥料が逃げることもありますが、一番の問題は、米をとるのに必要な時期に肥料が効かないで、効率の悪いときに吸われてしまうことです。その結果、チッソは米七〇〇キロ以上とれる分だけ吸ったが、とれた米は五〇〇キロもいかないということがおこります。ここが、イネの栄養を考えるときもっとも重要な点です。

ではどうするか？　それには水田の養分がイネの生育につれて、どう利用されているかを理解しておくことから始まります。この点についてはたくさんの本に記載されているので、この本では、これからあとの話の理解を助けるていどにとどめます。

三要素以外の養分とりわけケイ素について

イネの生育に必要な養分には、チッソ、リン酸、カリ、マグネシウム（苦土）、カルシウム（石灰）などがあります。その他、微量要素。どれくらい吸収されているかについてはいろいろな報告がありますが、一例をあげると玄米収量六〇〇キロとして、チッソ一一キロ、リン酸六キロ、カリ一四キロ、カルシウム二・五キロ、マグネシウム二・七キロていど。注目しておきたいのがケイ酸です。実に一二〇キロも吸収されているからです。

ひと口メモ

逃げるチッソ　逃げないチッソ

同じチッソ肥料でも、チッソの型によって、土に吸着しやすいものと、吸着しにくいものがある。アンモニア型のチッソ（たとえば硫安）は土に吸着されやすく逃げ方が少ない。しかし硝酸型のチッソ（たとえばチリ硝石、硝安の一部）は土に吸着されないので水といっしょに流れて逃げる。

硫安のような逃げにくいアンモニア型のチッソも、天気のよいときには4～5日くらいたつと酸化されて硝酸型のチッソに変わり、水田に水が入ると、水といっしょに逃げてしまう。このとき、水といっしょに逃げるばかりでなく、いわゆる脱窒作用で硝酸がふたたび還元され、チッソガスになって空気中に逃げてしまう。

尿素は、微生物によってアンモニアになり、はじめて土に吸着されるようになるが、同じアンモニアでも、尿素からできたものは、硫安のものよりも硝酸型のチッソになりやすいので、注意が必要である。

ひと口メモ

ケイ素のはたらきとケイ酸肥料

イネに吸われたケイ素の大部分は、葉の表面にたまり、病菌がからだのなかに入るのを防ぐ役目をしている。また葉の表面にたまって、一種の層をつくるので、水分の蒸発を防ぎ、水分の利用をよくする役目も大きい。イネは水のなかにありながら、管理によっては、根の活動がにぶって水不足になることが多いので、蒸散をおさえるケイ素のはたらきは大切である。

もう一つのはたらきは、イネの根の特性としての酸化力に関係がある。イネは葉や茎から酸素をもらって、根のまわりを酸化的にするが、その酸素を根まで運ぶのにケイ素がはたらいている。

近年、ケイ酸は登熟をよくする肥料として注目され、幼穂形成期ころにチッソと同時に施用する技術も生まれている。

しかし、肥料として与えるときは、チッソ、リン酸、カリが主体で、そのほかのものはだいたい水田のなかのもので間にあうので、ふつうは考えなくてかまいません。

もちろん、ケイ酸肥料は秋落ち田などに効きめがあるといわれ、その増収効果も場所によってはっきりしています。しかも、ケイ酸の役割はイネが水田で生育していることと関連があり、無視できる肥料ではありません（ひと口メモ参照）。それに、近年、河川水に含まれているケイ酸が少なくなっていると報告されています。イネに対するケイ酸のはたらきついては、第8図にまとめておきましたので見てください。

肥料はいつ吸われ どんなはたらきをするのか

ところで、私たちが肥料として与えるチッソ、リン酸、カリは、イネにいつ吸われて、どのようなはたらきをしているのでしょうか。その理解のために第9図を見てください。

この図は、わが国のイネの栄養生理の先覚者である石塚喜明教授が水耕栽培によって得た結論をもとに作図したものです。

どの時期に、どの養分が必要かということは、実験的にその養分を与えないで収量がどうなるかを見るとわかります。しかし、水田では養分を完全にとったり、与えたりすることができないので、水田のかわりに水耕栽培で検査したわけです。つまり、養分

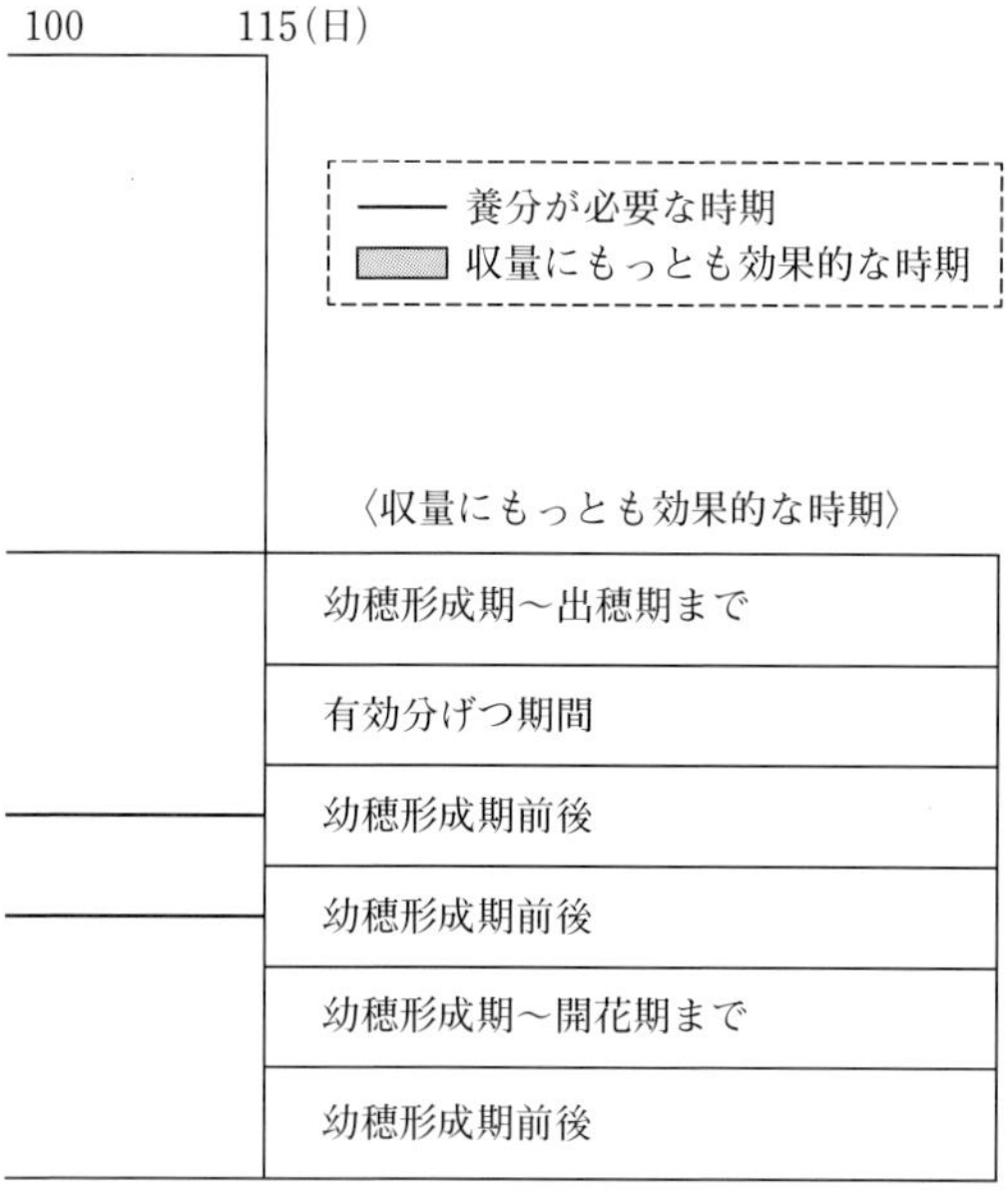

100　115（日）

―― 養分が必要な時期
▨ 収量にもっとも効果的な時期

〈収量にもっとも効果的な時期〉
幼穂形成期～出穂期まで
有効分げつ期間
幼穂形成期前後
幼穂形成期前後
幼穂形成期～開花期まで
幼穂形成期前後

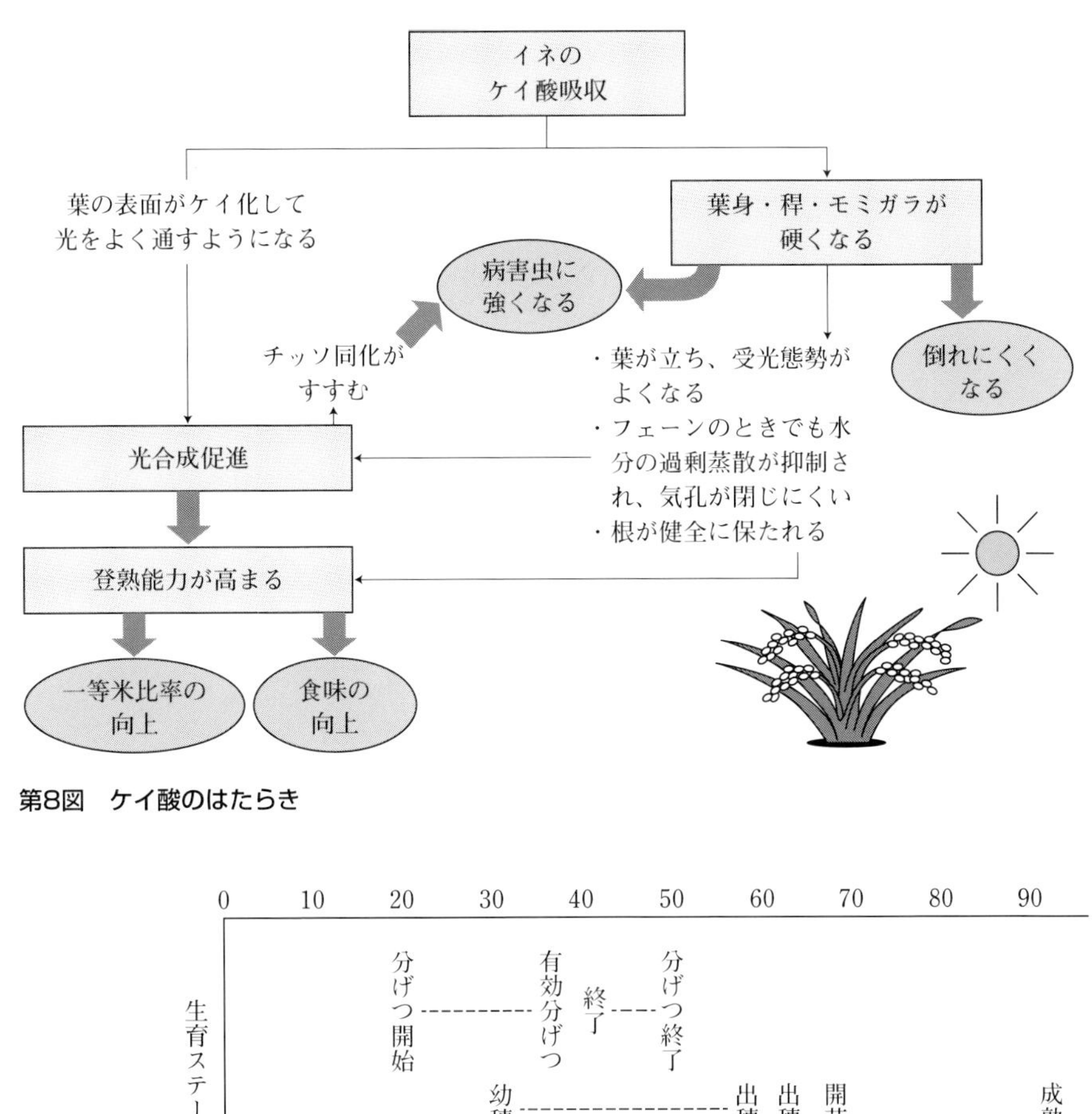

第8図　ケイ酸のはたらき

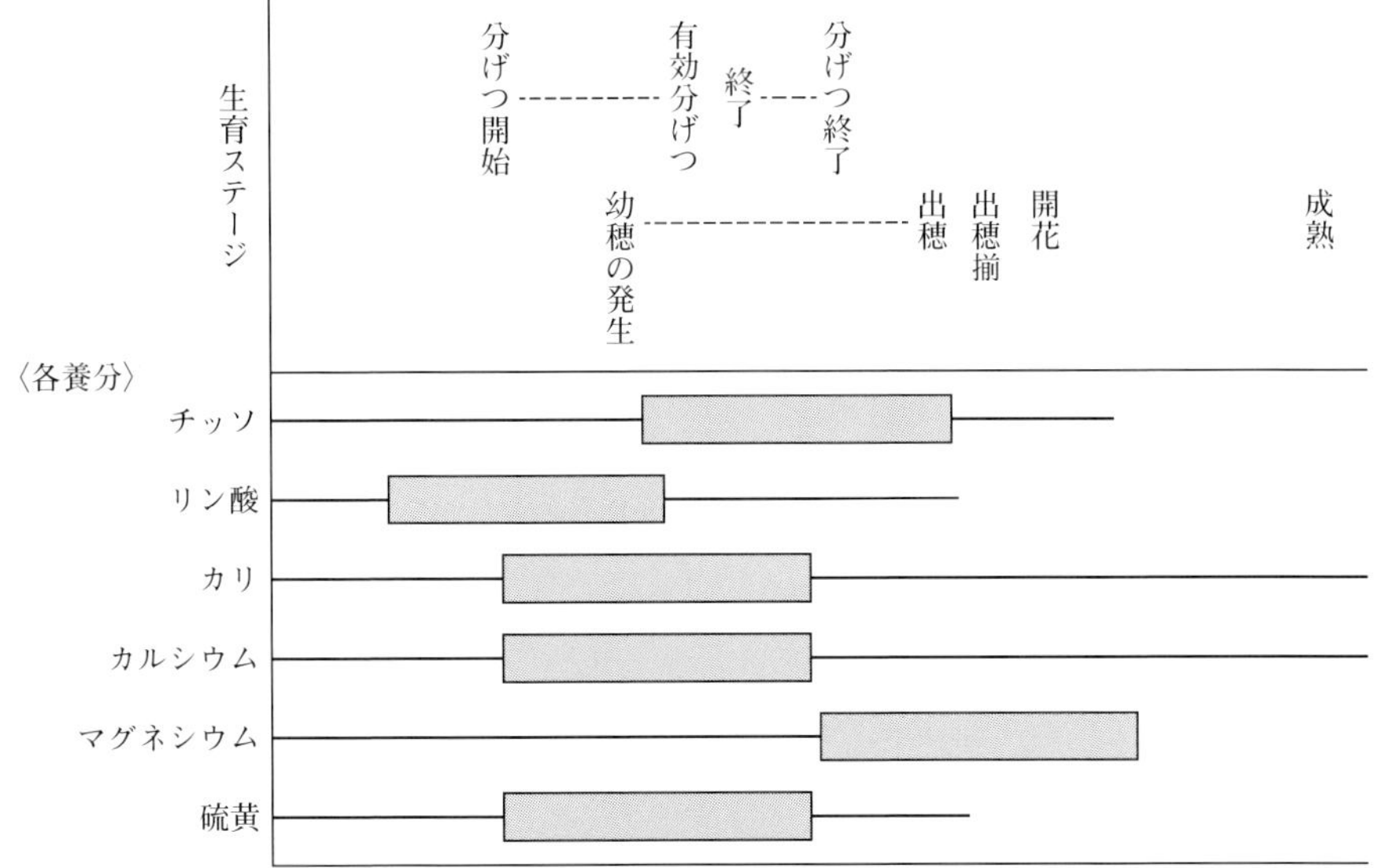

第9図　養分の必要な時期と、収量に効果のある時期(水耕栽培での実験)

を生育のはじめから終わりまで与えたものと、時期的に養分をとり除いた区の比較から、養分の必要時期を決めたのです。

すると図のように、チッソがもっとも必要なときは、生育開始後九週間まで（出穂期前まで）で、その九週間さえ与えればそれ以後は必要ありません。リン酸は五週間まで必要で、七週間まであれば生育は完全。またカリは九週間まで絶対に必要で、それ以降も与えないと生育が悪くなります。しかも、どの要素も、もっともよく利用されるのは、生育開始後三週間から五週間の付近であることを注目してください。

つまり、養分によって必要な時期はそれぞれちがいはあるものの、収量を決定づけるモミ生産に対して効果のあるのは生育の中期に集中しています。つまりこのことは、どんな時期でもよいから、チッソなら米一〇〇キロに対して二・二五キロをイネが吸えばよい、ということにはならないことを物語っています。

ついでに頭に入れておいていただきたいのは、マグネシウム（これは熔リンや化成肥料に入っている）の大切な時期は、ほかの要素よりも遅いことです。

以上は、前にも述べたように、水耕の実験で証明されたものです。しかし、実際の水田のイネは、水耕実験と同じように養分を吸収しているのでしょうか？

からだのなかでの養分の動き

第10図を見てください。これはイネを生育時期ごとに水田から抜きとってきて、養分の吸収・蓄積の様子をみたものです。

チッソを例にとってみると、いわゆる分げつ期から伸長期にかけて、すごい勢いで吸収しています。先に紹介した水耕の実験とよく合っていることがわかります。しかも、開花期以降はほとんど吸収されていません。イネがチッソをたくさん必要とする時期ともよく合っています。イネは、自分の生育に応じて必要なものをとりこんでいることがわかります。カリが出穂後も吸収がふえているのも、まったく前の水耕実験に一致します。

しかし、この関係で注目すべきことは、たとえば、チッソは出穂期以降には吸収しないといっても、穂にチッソが必要でないということにはならないこと。この点が、イネの栄養生理を考えていくときの一つのポイントになります。

もう一度、第10図を見てください。出穂期以降は、養分が茎葉と穂に分配されて蓄積されていることがわかります。しかも、茎葉の分が減って、穂のほうが急激にふえています。つまり、茎葉から養分が抜け出して、穂に送りこまれているのです。

そのことを模式化したのが第11図です。チッソとリン酸はまったく同じで、出穂期までにイネが吸収したものの六〇～七五%は、穂づくりが始まるとき、葉や茎から穂に移っていきます。したがって、出穂後チッソやリン酸が必要でないのは、穂の生育にチッソやリン酸が不要だというのではなくて、出穂期までに吸収してからだにたくわえられていたものが穂にふたたび利用されるから、イネは積極的に吸わなくてもよいというにすぎません。

ところで、生育全期にわたって必要なカリはどうでしょうか。

第10、11図からもわかるように、カリもやはり茎葉から抜けて穂に移りますが、移る量は意外に少なく約二〇%にすぎません。結局、出穂後吸収したカリは穂に移らず、大半は葉にとどまっていることになります。

これは明らかに、チッソ、リン酸のはたらきと、カリのはたらきが異なっていることを物語っています。

チッソやリン酸はタンパク質の材料であり、出穂後は穂の活動に必

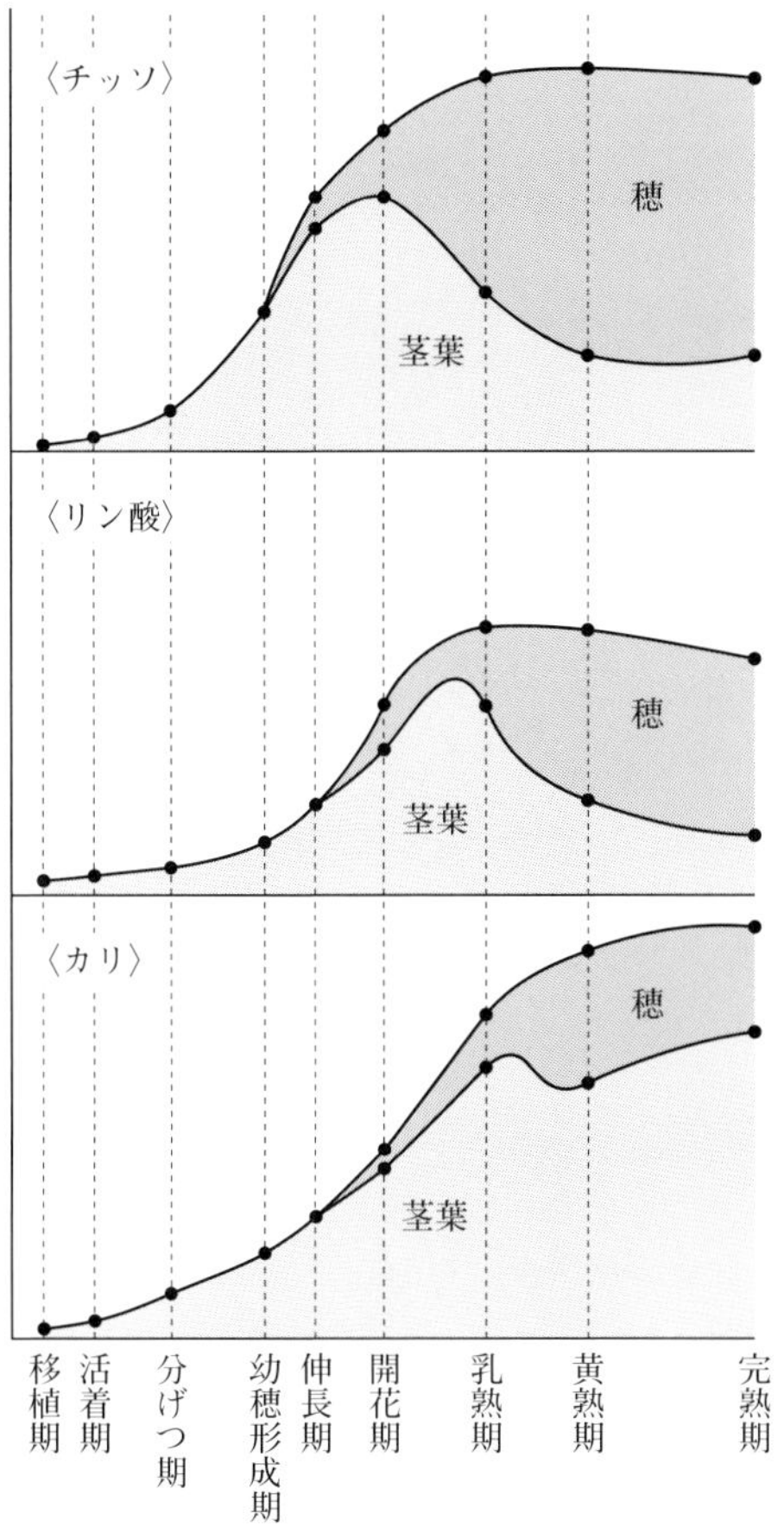

〈チッソ〉
〈リン酸〉
〈カリ〉
穂
茎葉
移植期　活着期　分げつ期　幼穂形成期　伸長期　開花期　乳熟期　黄熟期　完熟期

第10図　吸収した養分のゆくえ

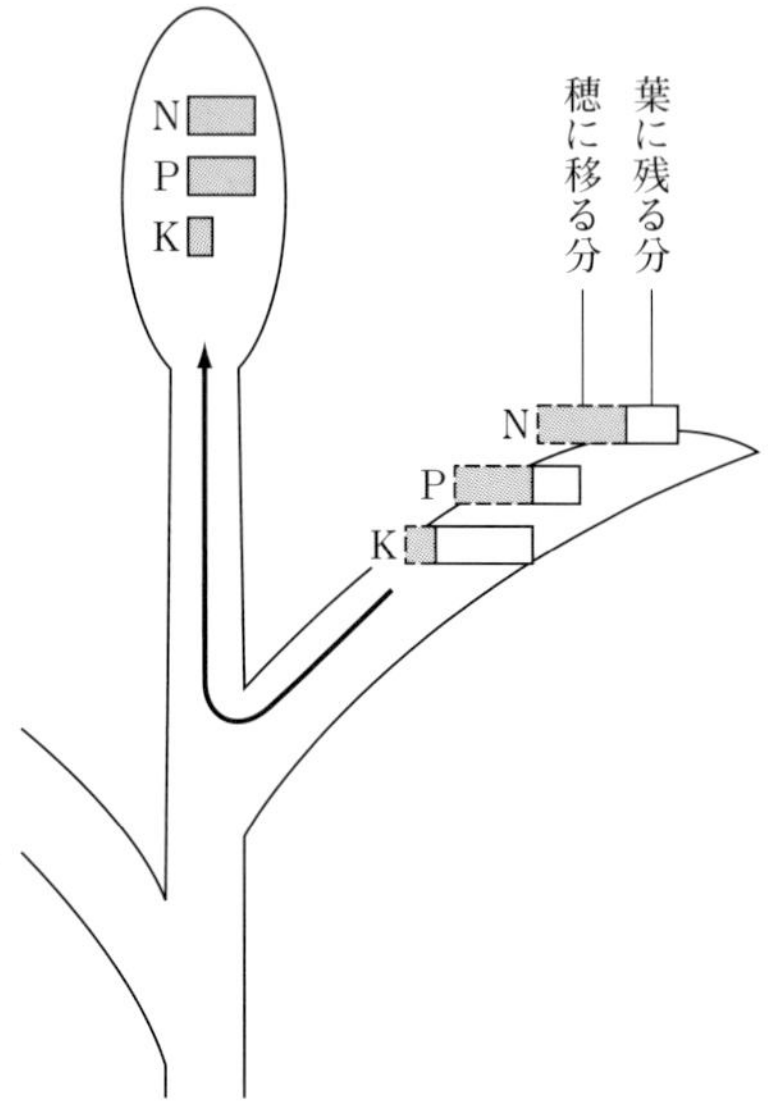

要なタンパク質となるためにすぐに茎葉から抜けだして穂に移り、葉から送られてくる炭水化物を一生懸命とりこむはたらきをします。それに対して、カリは葉に残っていて、葉の光合成とそこでできた炭水化物を穂に送りこむ役割をしています。こうして、チッソ、リン酸、カリが上手に協同して、穂づくりにはげんでいるというわけです。

もちろん、葉で炭水化物をつくるのも、そのおおもとはチッソやリン酸ですから、穂づくりにチッソやリン酸が必要だからといって、葉から全部穂に移ってしまってはだめ。この関係の調節をどうするかが、米の収量をあげる骨組みになります。この点については、あとでゆっくりお話しします。

第11図　養分の再利用は成分によってちがう

いずれにしても、ここで理解していただきたいことは、養分は必要に応じて吸収され、また、それが必要に応じてからだのなかで再利用されること。つまり、くいだめがきくことです。そして、種類がちがう養分は、米つくりに対して分業的にはたらく関係があることを伝えたかったのです。

肥料は、与えてしまえばイネが都合のよいときに吸って、適当に利用するからほっておけばよいということにはなりません。この性質をどのように利用するかによって、同じ施肥量でも、米の収量は七〇〇キロにもなれば、一方で三〇〇キロどまりで終わるということになるのです。

第九話

吸収された養分のゆくえ

第八話で、出穂期以前にからだにたくわえたチッソやリン酸、カリなどの養分は、出穂後、からだのなかでまた分配されて使われることをお話ししました。しかし、このことは出穂後にかぎったことではなく、出穂以前でも、いや、苗の時代にもおきているからおもしろい！

イネの離乳期

種モミが発芽するとき、モミのなかにはすでに三枚の葉のもとができていて、その葉のもとが、モミのデンプンやタンパク質を使って伸びてきます。そして根が出始めると、この出てきた根が、はじめて土から養分を吸いだします。この根から吸った養分と、葉でつくった炭水化物から、イネはタンパク質をつくり、からだを大きくしていきます。

しかし、苗の若いころは、苗床の肥料を利用してタンパク質をつくるといっても、その量が少なく、必要なタンパク質や炭水化物の大半は、胚や胚乳からもらって生育しています。四葉が出始めるころにいわゆる離乳期になり、やっと独り立ち。あとは新しい根が養水分を吸収し、葉が炭水化物を合成して、からだの生育に必要なものを自分でつくっていきます。これを、私たちは「独立栄養」と呼んでいます。

つまり、イネは、根から吸ったチッソやリン酸を使って、炭水化物やタンパク質や脂肪を自分でつくって生育する「独立栄養」植物なのです。

では私たち人間はどうでしょう？　人間は、動植物がつくってくれたデンプンやタンパク質を食べて生活しています。これを「従属栄養」と呼びます。そこがイネと人間との根本的なちがいです。

命の伝達　養分の伝達

しかし、イネの発育を一枚の葉、一つの分げつ、一本の根ごとにみていくと、必ずしも、自分の生育に必要なタンパク質や炭水化物を自分でつくって、親がかりでなくなっているとはいえません。

四葉の次に五葉がでてきますが、この五葉は自分に必要な栄養物を、自分でつくってはいません。自分のからだに必要な炭水化物を、四葉または三葉からもらって伸びだします。そして、五葉が独り立ちできる大きさになってからはじめて独立栄養的になり、三葉がやったと同じように、自分がつくった炭水化物を次の新しい葉に送ったり、または、新しい分げつの伸長に必要な炭水化物を分げつ芽に送ったりします。

しかし、その五葉だって、いつまでも元気でいることはできません。年をとってくると光合成のはたらきが弱くなり、しまいには枯死していきます。しかし、死ぬといってもただ死んでしまうわけではありません。それまで葉のなかにあったチッソやリン酸を、老化とともに新しい葉や分げつ、または根へと送りこんで、天寿をまっとうするのです。

ただ、葉が枯れてその中身がほかの部分に移る場合、移動する量は条件によって異なります。たとえば葉が茂りあって暗くなり、赤味をおびて死んでいくときや、急な寒さに遭遇して死んでいくときには、中身をあまりほかにやらずに、元のからだにたくわえたままで死んでいきます。天寿をまっとうできる環境を整えてやることが、とても大切になることがおわかりいただけたでしょうか。

このことは、イネの生育初期にとどまらず、出穂

ひと口メモ

イネとタンパク質

いささか禅問答めくが、イネが光を利用して炭水化物をつくったり、その炭水化物から脂肪をつくったりするのも、すべてタンパク質のはたらきである。生きるのに必要な呼吸も、もちろんタンパク質がないと不可能だ。

イネはこの大切なタンパク質を自分でつくっていると書いたが、その大切なタンパク質づくりができるようにするのもタンパク質のはたらきだから、最初の最初は、タンパク質を含んだフスマなどの肥料をやらなければならない？　答えは否！　そのタンパク質は、実は種モミのなか、とくに胚がもっている。この胚のなかのタンパク質を出発点にして、次々と必要な養分をつくりあげて大きくなっていく。

期にチッソやリン酸が茎葉から穂に移る場合も、まったく同じです。出穂期の場合も、栄養分の多くは、古い葉から穂へと移っていきます。新しいものは古いものに頼りながら、生育がすすんでいきます。古いものと新しいものが密接な関係にある……イネはまったく、人間の親子関係にそっくりです。

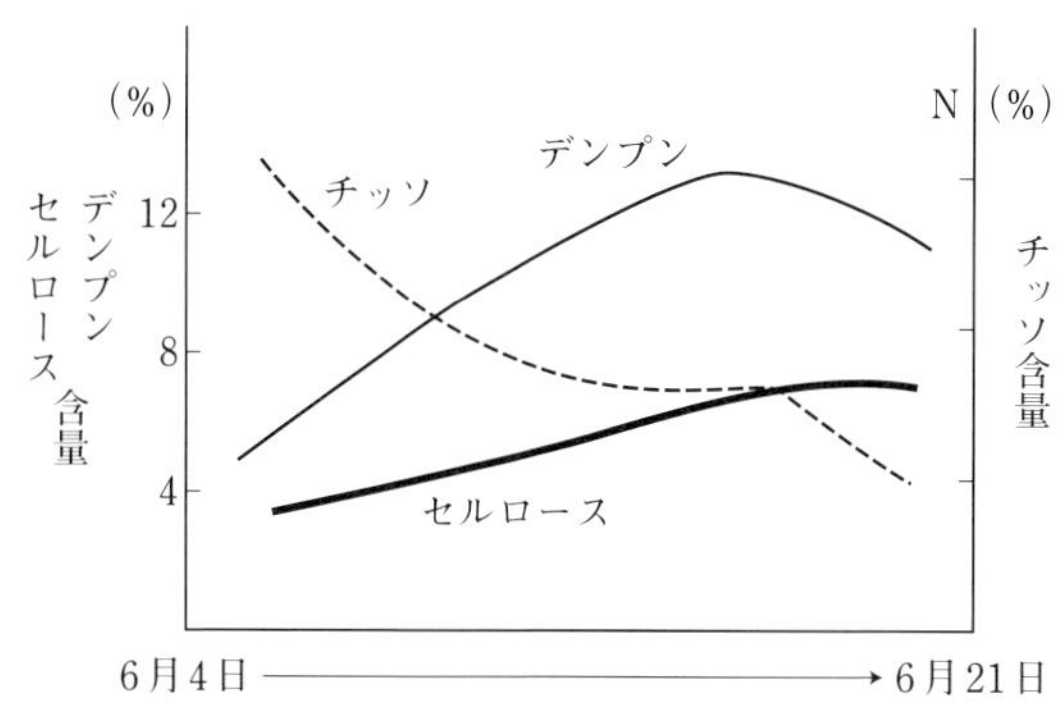

第12図　一枚の葉の生長と中身の変化(第4葉)

「波を打たすな」の格言が教えていること

農家の人がよく、〝イネをつくるには〝波を打たすな〟と言います。この言葉の意味は、ある理想のイネをつくるとき、たとえば、止葉を二〇センチにしたいと思って、止葉が出るときに肥料のやり方を調節したのではもう遅い。その前の葉、さらにその前の葉と順序よく管理していかねばなりません。〝波を打たすな〟というのはまさに、そのことを表現した名言です。

ところで、いまの新しい葉と古い葉の関係を、一枚の葉にあてはめて図にしたのが第12図です。図は第四葉ができてから枯死するまでの、葉のなかのチッソとデンプン、それにセルロースの含量の動きを示したものです。

葉が頭を出したころは、先にできた葉からチッソをもらっているので、チッソをたくさん含んでいます。しかし、まだ独立できず、デンプンの合成量も少ない。やがて葉が伸びきると、一人前になり葉の光合成も盛んになり、デンプンがふえてきます。それに応じて葉の骨格であるセルロースができて、葉が上手に光を受けるようになる。そして、できた炭水化物を盛んに新しい葉や分げつに送りこむ。しかし、やがて二週間もたつと老化してきて、光合成の作用が弱くなり、葉の中身のチッソは抜けだして、ほかの部分へと移っていく……。

話がくどくなりましたが、この原則は、葉の場合も、葉鞘や根のいずれの場合にもあてはまることで、しかも、イネの一生を通じてもいえることです。

第八話で生育時期に応じて養分の要求が変わることを書きましたが、それもこの単純な関係によっています。

生育時期によって養分が異なるのはなぜ

第13図は、イネの一生を通じて、からだにたくわえていくもののちがいを示したものです。賢明な読者はこの図を見て、一枚の葉の成分が変わっていくすじ道とまったく同じであることに気づかれたのではないでしょうか。

分げつ期から幼穂分化期にかけては、タンパク質が盛んにつくられる。つまり、新しい葉ができて、しだいに大きくなっていく過程にあたります。事実、イネは葉数と分げつの数をふやし、からだを大きくしていくときです。そのからだづくりのもとであるタンパク質が、この時期に盛んにつくられるのは理の当然です。

ところで、そのタンパク質のもとは何かといえば、根から吸われるチッソ、リン酸、硫黄と、葉でつくった炭水化物です。第八話で、チッソ、リン酸などがもっとも利用される時期は、生育開始後三週間から五週間の付近にあると話しましたが、それは、このタンパク質づくりに必要なためなのです。

さて、一枚の葉が伸長するときと同じように、イネが充分な茎数を確保し、立体的なからだになって節間が伸び始めると、こんどは、セルロースやリグニンがふえてきます。これもまったく一枚の葉の場合と同じで、イネ全体が上手に光を受けることができるように、からだの骨組みをつくるわけです。

ところで、マグネシウムの必要な時期は、チッソやリン酸とちがって、生育の後期であったことをご記憶と思います。実は、このマグネシウムは、セルロースやリグニンの合成に必要なものなのです。イネがマグネシウムを要求する時期と、セルロースができる時期はまったく一致していますから、イネは必要に応じて養分をとりこんでいるということが、ここにも表われています。

さて、リグニン、セルロースの時期がすぎると、こんどは、一枚の葉の場合と同じく、成熟し、本格的に光を使って炭水化物をつくるようになります。そこでつくられた炭水化物は穂に移り、そこでデンプンになり、米ができてきます。タンパク質合成、リグニン合成、セルロース合成としだいにデンプン工場の敷地や機械が整備されて、いよいよ本格的な米つくり、つまりデンプン製造工場が作業を開始することになります。

デンプン製造工場の生産を維持するために、カリは最後まで吸収されて葉にとどまり、炭水化物づくりに精をだすことはすでに述べたとおりです。この工場がいかにうまく光を利用して穂にデンプンを送りこむかが、技術の中心であり、反収五〇〇キロを七〇〇キロに、また、計算上可能な一五〇〇キロへと近づく道です。

いままでは、穂が出てしまうと、いわゆる農閑期、くわえタバコで稔りの秋をまつというのがあたり前でしたが、しかし、イネにとっては、この時期からいよいよ本番。くわえタバコでは、イネに申し訳ないですね。

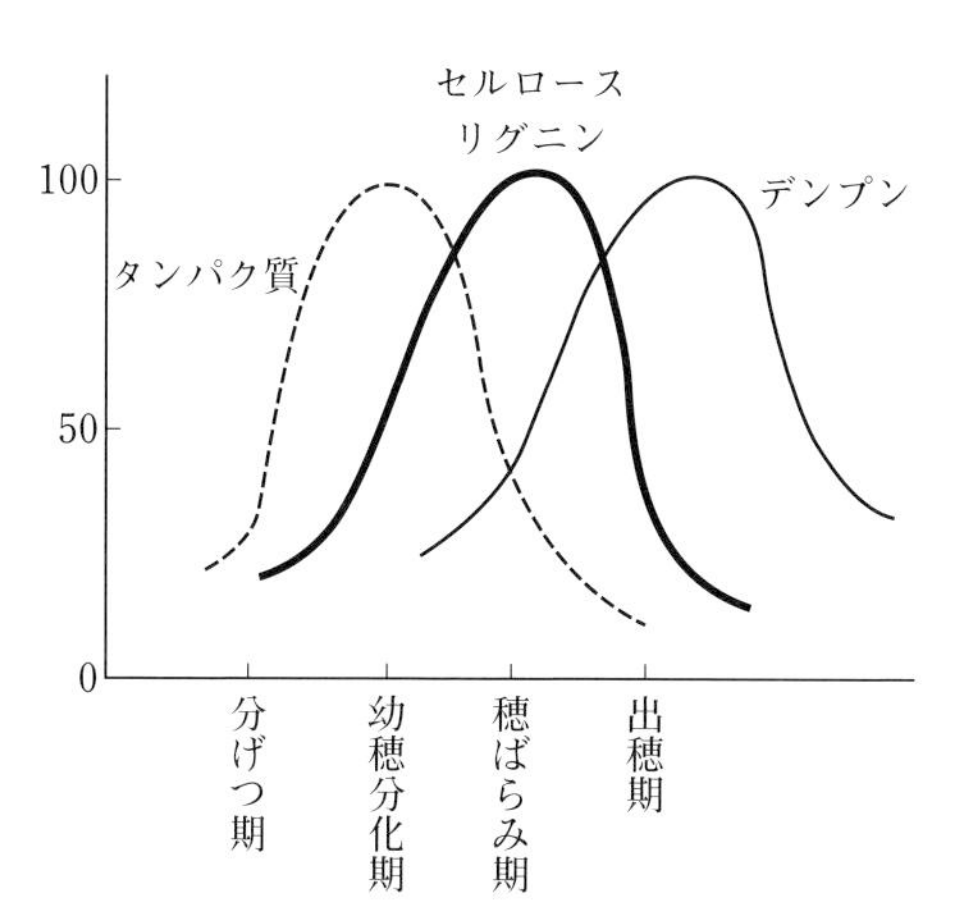

第13図　生育時期の中身の変化

第十話

主茎と分げつ茎は、本家と分家の関係

これまでの話で、新しい葉は生育に必要な栄養をもらって大きくなること、そしてその新しい葉が一人前になると、こんどは、一生懸命に炭水化物をつくって、次に出てくる新しい葉に栄養分を送りこんでいくことがわかっていただけたことと思います。

この一種の親子関係は、イネが、葉や分げつを出して大きくなっていき、最後にはこれらの葉が、穂づくりに集中していく過程と同じ原則です。

ところで、新しい葉と古い葉の関係が全体的にみたイネの一生と似たものであっても、分げつの場合はどうなのでしょうか。

親子、分家関係を表わす「同伸葉理論」

結論から先に言うと、主茎と分げつ茎の関係も、古い葉と新しい葉と同じ原則で親子関係がありま す。少しちがう点があるとすれば、お互いの葉同士や、穂と葉の親子関係が少しうすれ、分げつ同士が人間社会の本家と分家と同じように、少し情がうすれる傾向があるということ。そのため、分家同士や本家と分家の利害関係から争いがおこり、独立後、日の浅い分げつが、本家の支援が切れて、たまには死ぬこともあります。

分げつは、それぞれ独立すれば、葉はもちろん、穂も根ももった、りっぱな植物としての一個体です。第14図に、同伸葉理論と呼ばれる、本家の主茎の生長と分家とみられる分げつの関係を示しました。

苗代で種モミが発芽すると、胚のなかですでに準備されていた三枚の葉が、次々と伸び出してきます。三枚の葉が完全に伸びきると根もふえて、イネは種モミからの栄養に頼らず、自分で自分の栄養物を吸収し、自分のからだのなかで必要なものをつくるようになります。それとともに、第一葉（この前に不完全葉といって、葉鞘と葉身がはっきりわかれていない葉がある。学術的には、この不完全葉が第一葉とされる）の葉鞘のつけねの節から、分げつ芽が動きだします。これが一号分げつとなります。

もう一度、第14図を見てください。種子から発芽して大きくなってきた親茎の第四葉が、ほかの葉から栄養分をもらって伸び始めると、それといっしょに第一葉の葉鞘のなかで動きだした分げつの一番目の葉も、同時に伸び始めます。この分げつの葉は、お互に親子関係をもちながら、親茎と同じに次々と葉をつくっていきます。

*不完全葉：学術的には第1葉とされ、以降、図の葉齢の数え方が一つずつくり上がっていく

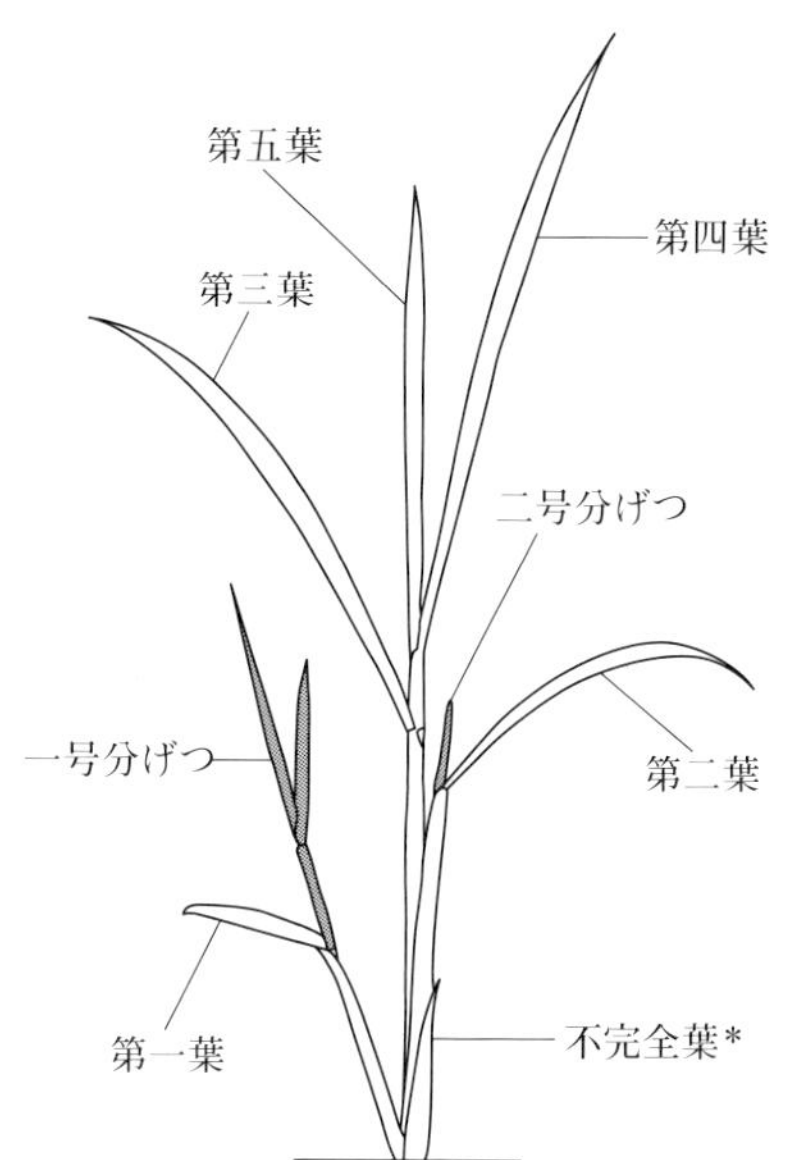

第14図　葉と分げつの出方（本葉第五葉抽出中）

主茎の葉も同じように、次々と葉を出していきますが、新しい葉一枚が出るのに必要な日数は、分げつが新しい葉を一枚出す日数と同じです。葉が一枚新しく出てくる日数は、栄養状態、天候、または生育の時期によって異なりますが、生育初期は比較的早く五日間隔くらいで、止葉が出るころになると八日間近くかかります。平均して、一週間に一枚というところでしょうか。

そのため、第14図に描いたように、主茎の第五葉が伸び始めると、第一葉のつけねの節から枝わかれした分げつからは、二枚目の二葉が伸びてきます。同時に、第二葉のつけねの節から分げつの一葉が伸びてきます。主茎の第六葉が出てくると、第一葉の分げつは三枚目の三葉を出します。

この三枚目を出した分げつは、種モミから出た芽と同じように、分げつ一枚目の葉のつけねの節から、孫にあたる第二次分げつが動きだします。

ご承知のように、イネは、たがいちがいに葉を出していきますが、その葉も主茎の第一葉と同じく、分げつを出し、その分げつが三枚の葉を出すとまた孫分げつをつくり始めるので、分げつ数はネズミ算

式にふえていきます。

分げつは三拍子で規則正しく

本来分げつは、このように三というめでたい数字にしたがって、「三・三・三」拍子で規則正しく出てくるのが原則です。この原則によって計算すると、第一葉の分げつが生きのびて、次々と分げつを出していくと、本葉が一一枚になるころには、親茎を含めて一六本の茎ができてくる計算になります。つまり親茎一本、一次分げつ八本、二次分げつ五本、三次分げつ二本で、計一六本。

この数字は、苗一本での計算ですから、一株五本植えにすれば八〇本にもなります。ですが、実際の田では、こんな短い期間に、八〇本にはなりません。

これは田植え時の活着の遅れや、苗代分げつが死ぬことが多いために、分げつがふえない事情もありますが、本家と分家の争いにより、出てくるべき分げつが出られずに休んでしまうことによる場合が多いようです。

必要な栄養分の複雑なやりとり

第15図は、分げつが伸びるときに必要な栄養分をどこからもってきているかを、模式的に描いたものです。

分げつが、A葉の葉鞘がついている節から「三・三・三」の規則によって出てくるとしましょう。分げつが必要な栄養分は節からもらいますが、節に送られてくる栄養分は、葉でつくられた炭水化物やチッソが、葉鞘や節間のパイプを通して送られてきたものです。

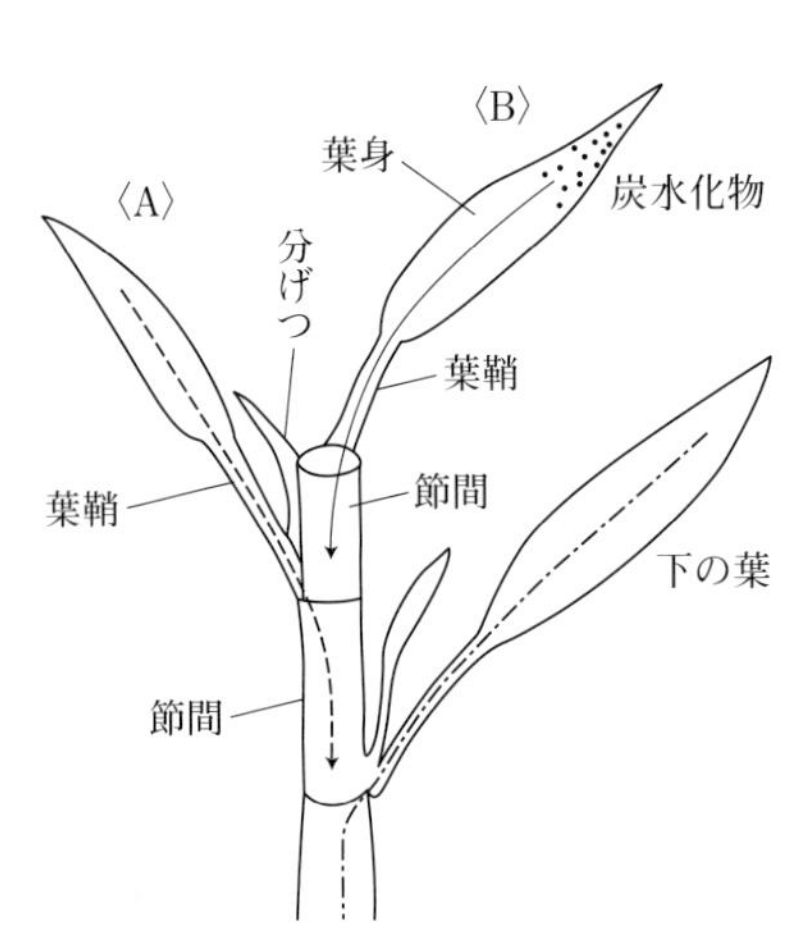

第15図　分げつが伸びるときの養分移動

そのとき不思議なことに、分げつが出てきた節についている親の葉〈A〉からくる栄養分は分げつを素通りして下の節にいき、分げつ芽に必要な栄養分は、反対側の上の葉〈B〉から送られてきます。もちろんA葉からも栄養分はもらいますが、その割合は少ないです。いずれにしても、分げつは、親茎についている葉から、間接的に栄養をもらって伸びることになります。

ところで、前にお話ししたように、親茎の葉は、分げつだけでなく、親茎から出てくる新しい葉にも栄養分を送って、その生長を助けなければなりません。葉は、自分の家の葉と、分家の分げつも養わねばならないのです。

葉が根からチッソやカリをたくさんもらい、元気にはたらいているときは、分家の援助もできますが、少し元気がなくなると、お家大事で、自分の茎の新しい葉づくりにしか手がまわらなくなります。

そうなると、分げつに栄養分がいかなくなり、分げつは伸びようがありません。しかも、本家の栄養状態が悪くなると、それまでに少し伸びて独立する段階になっていた分げつの中身まで親茎に吸いとられ、分家は本家の犠牲にさえなってしまいます。この関係は分家の分げつ同士にもおきています。

肥料不足のイネは、出てくる分げつの数が少なかったり、過繁茂で葉が日陰になったりして葉が元気がなくなったときなどは、せっかく出ていた分げつが、知らない間にその数を減らしていたという経験もおもちでしょう。これは、栄養の分配の関係で、分げつが出なかったり、せっかく出た分げつが消えてしまったのです。分げつの数は、徒長しがちな事情（水、光、温度、養分のバランスで決まる）にあるときは、本家の拡大に栄養分が使われ、分げつは犠牲になってしまいます。これが、第一話でお話しした「無効分げつ」です。

まったく、見ようによっては、イネの社会は封建的なものです。

第十一話

下葉の影響はからだ全体におよぶ

つまるところ、作物としてのイネの目的は？

生物は目的をもっています。それは種族の繁栄です。つまり、繁殖により、子孫をあとに残すことです。分げつにみられた、本家と分家の封建的な関係も、最悪の場合にはなんとかして本家を守り、子孫を残そうとすることの表われでしょう。

私たちが目的とする米は、もともとイネにとっては繁殖の手段です。イネのような一年生の植物は、種子に充分な発芽能力を与えて、その一生を終えます。一粒のモミから、ふつう一〇〇〇粒は再生産されるので、その能率のよさはばかにできません。

それだけに、イネが種子をつくるためには、葉も茎も根も勝手な行動はゆるされず、なかなか統制のとれた動きをしています。葉が枯れていくとき、その中身は新しい部分に吸いとられていくことなどは、このきびしさを物語っています。

では、種子、つまりモミづくりに向かって、イネのいろいろな部分がどのように努力し、また、その作業に動員されているかを、図によってみてみましょう。

新しい葉　古い葉

第16図は、出穂期のイネを模式的に示したもので、上のほうの若い葉や下の古い葉が同化した炭水化物を、どこに送りこんでいるかを図にしたものです。

図からわかるように、止葉やその下の比較的若い葉は、自分が同化した炭水化物を積極的に穂に送りこみ、穂づくりの中心的役割をはたしています。もちろん葉が若いといっても、第十話で述べたように、ほかの葉に依存して伸びているような未熟な葉ではありません。葉づくりが終わり、りっぱに独立した能力をもっている若い葉です。

郵便はがき

おそれいりますが切手をはってお出し下さい

3350022

埼玉県戸田市上戸田2丁目2ー2

（受取人）

農文協

読者カード係 行

◎ このカードは当会の今後の刊行計画及び、新刊等の案内に役だたせていただきたいと思います。　はじめての方は○印を（　）

ご住所	（〒　　－　　） TEL： FAX：
お名前	男・女　　歳
E-mail：	
ご職業	公務員・会社員・自営業・自由業・主婦・農漁業・教職員（大学・短大・高校・中学・小学・他）研究生・学生・団体職員・その他（　）
お勤め先・学校名	日頃ご覧の新聞・雑誌名

※この葉書にお書きいただいた個人情報は、新刊案内や見本誌送付、ご注文品の配送、確認等の連絡のために使用し、その目的以外での利用はいたしません。

● ご感想をインターネット等で紹介させていただく場合がございます。ご了承下さい。

● 送料無料・農文協以外の書籍も注文できる会員制通販書店「田舎の本屋さん」入会募集中！
案内進呈します。　希望□

■毎月抽選で10名様に見本誌を1冊進呈■（ご希望の雑誌名ひとつに○を）

①現代農業　②季刊 地 域　③うかたま

お客様コード

お買上げの本

■ ご購入いただいた書店（　　　　　　書 店）

●本書についてご感想など

●今後の出版物についてのご希望など

この本をお求めの動機	広告を見て（紙・誌名）	書店で見て	書評を見て（紙・誌名）	インターネットを見て	知人・先生のすすめで	図書館で見て

◇ 新規注文書 ◇　　郵送ご希望の場合、送料をご負担いただきます。

購入希望の図書がありましたら、下記へご記入下さい。お支払いはCVS・郵便振替でお願いします。

（書名）	（定価）¥	（部数）　部
（書名）	（定価）¥	（部数）　部

460

では、それより古い葉は、つくった炭水化物をどこに送るのか？　それは、図に示すように稈に送られます。稈はイネにとっては穂を支える一種の支柱ですが、その骨組みづくりに中間の葉がはたらいています。

古い下葉の献身的なはたらき

では、もっと古い下葉はどうでしょう？　下葉は、同化した炭水化物を根に送っていました。根が養水分を吸収するとき、そのエネルギー源として炭水化物が必要であることは先に述べましたが、その炭水化物は下葉からもらっているのです。下葉がかつて若いときには、新しい葉や、分げつをつくるのに一生懸命努力し、その役目が終わるとこんどは根づくりにはげむ。しかも、それに対する反対給付はまったくない……そのけなげさには頭が下がります。

下葉が根に炭水化物を送りこむと、根はその炭水化物を酸素呼吸で分解して、養分の吸収に必要なエネルギーをつくって、チッソやリン酸、カリをとりこみます。この根がとりこんだ養分は、どこにいくかというと、下葉にはいかず、止葉やそのほかの比較的上の葉に送りこまれます。下葉はまったく下働きです。

このように、下葉の犠牲で、上の葉や根が元気よく与えられた役目をはたしているわけです。

さてここまで読んで、読者は不審に思うかもしれません。葉や根がそれほどまでに穂づくりに努力しているなら、根が吸収した養分をいったん止葉や上の葉に送るようなめんどうなことをしないで、直接穂に送ったらどうか？

もちろん、最後には穂にいくのですが、その

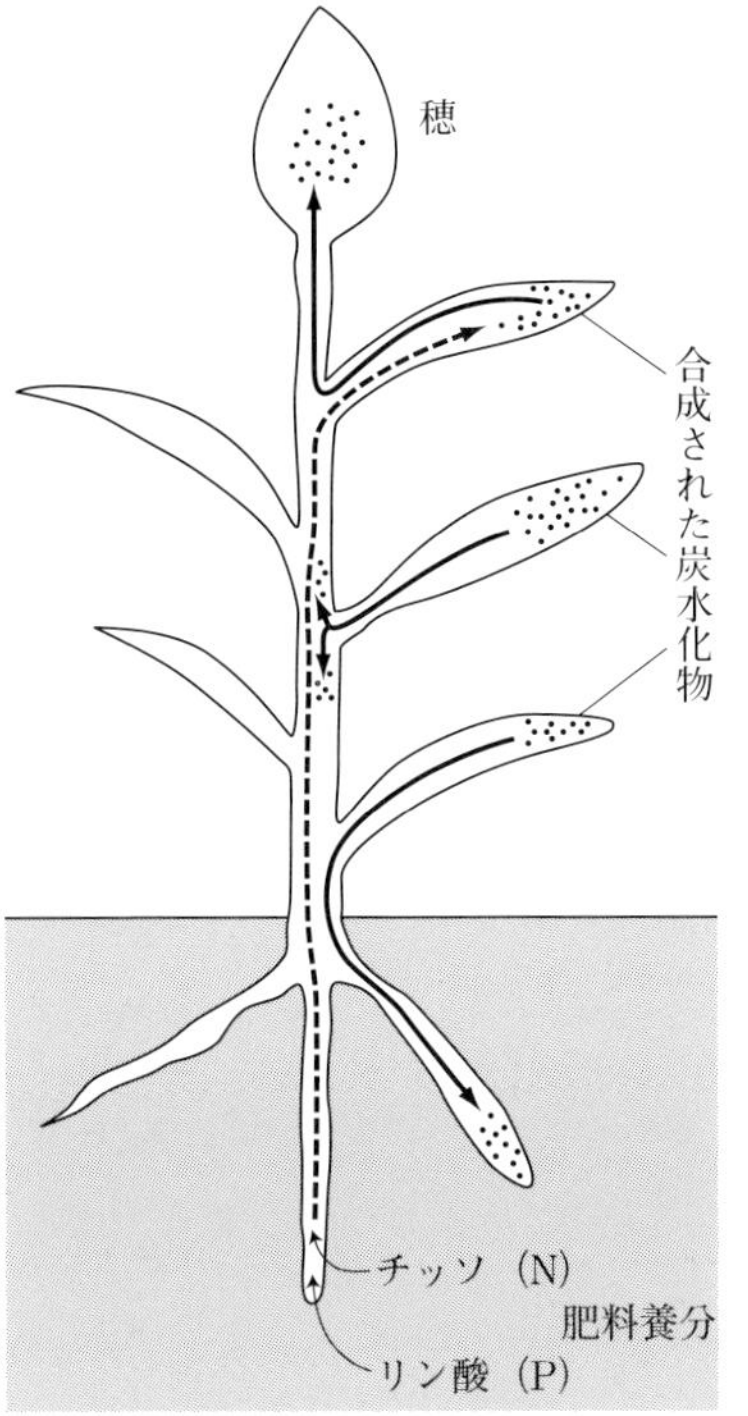

第16図　葉と茎と根の分業態勢
C^{14}を含んだ炭酸ガスを葉に与え、そのゆくえを追跡した実験結果を図示したもの

前にまず新しい上の葉に入るわけは、穂は葉とちがって、自分に必要な栄養分を、チッソやリン酸からつくる能力が弱いからです。私たち人間と同じように、穂は従属栄養なのです。

もっとも、穂も若いうちは緑色をしていて、光合成に必要な葉緑素をもっています。だから、一応は独立栄養のように、炭水化物を自分でつくることができますが、その量は少なく、穂にためるデンプンの一割以下です（蛇足ですが、ムギはこの能力が、イネよりもっと大きいことが知られています）。

だから、養分はひとまず新しい葉に送られて、そこで利用されやすいタンパク質などをつくってもらい、それが穂に送りこまれるという、二段構えのしくみになっているのです。

下葉の枯れ上がりが語りかけること

イネを栽培する人たちは、経験的に下葉の枯れ上がりを非常に心配します。下葉の枯れ上がりは、目に見えない土のなかで、根が死んでいくことの反映だと考えるからです。

もっとも、枯れ方にはいろいろあって、葉の寿命で枯れていくのはやむをえません。穂が完熟して、もう炭水化物をとりこむ力がなくなったときには、天寿であり、下葉も上葉も用はありません。

ただ問題なのは、まだまだ元気にはたらいてもらわねばならないときに枯れることです。たとえば葉が茂りすぎて、下葉に光があたらず早いうちに枯死してしまえば、上葉は活動するためのエネルギーの基盤を失います。上葉もまた力つきて光合成能も弱くなり、穂づくりはだめになってしまいます。

下葉は献身的にはたらいている

第十二話

デンプン蓄積の三条件

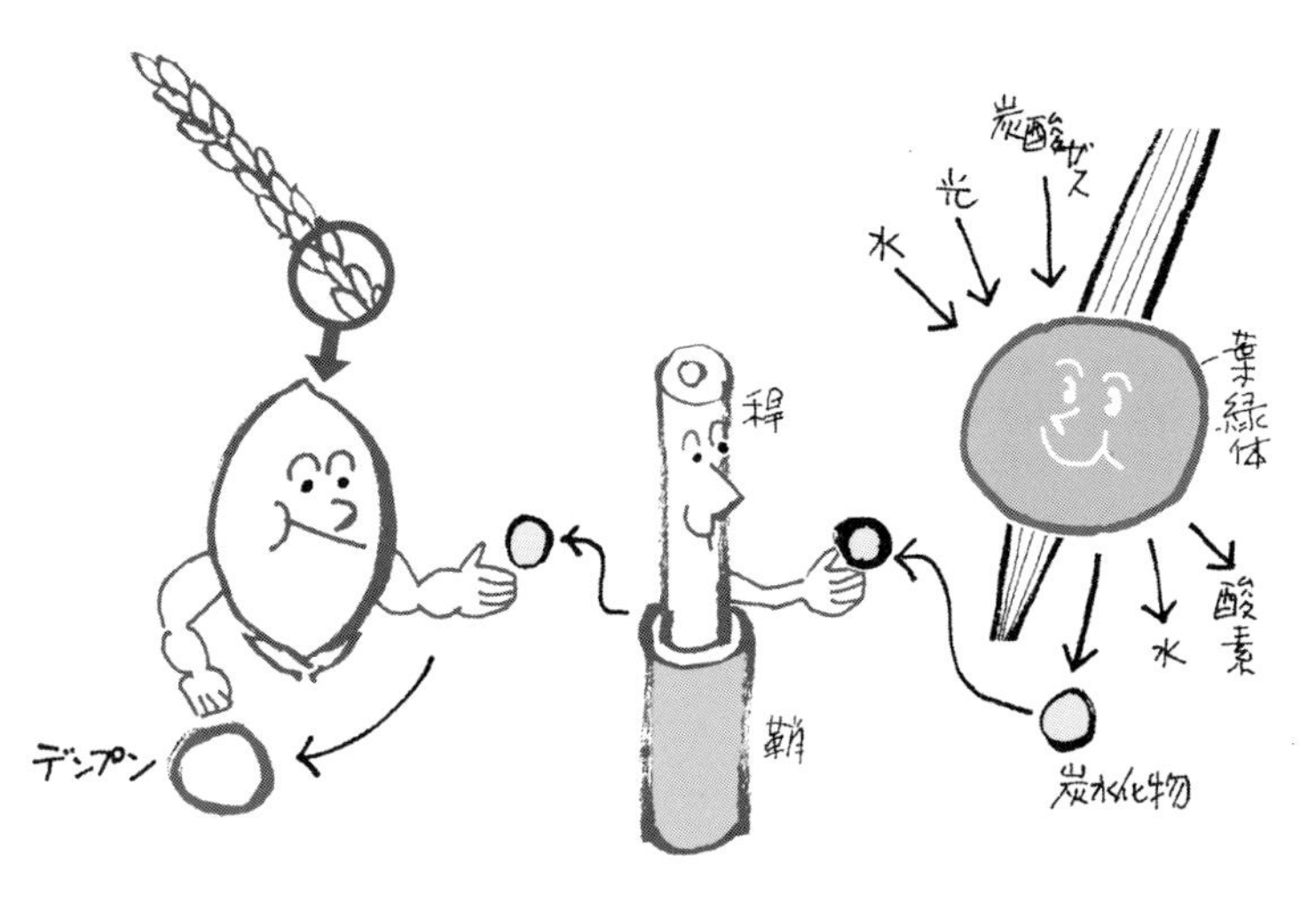

③炭水化物をデンプンに　⇦　②養分の移動　⇦　①炭酸ガスの同化

自然物としてのイネと人間の都合

第十一話で、イネは穂が出たあとは、葉も根も穂づくりに集中するとお話ししました。そして、各葉や根が、己の分を知って死んでいくことを述べました。しかし、これは一種の自然物としてのイネの姿です。その意味では、モミ自身にとっては、発芽にさしつかえのないていどに稔ればいいわけで、多収を目指して、千粒重を二四グラムまで大きくするなどとがんばる理由は、イネには毛頭ありません。千粒重が一八グラムくらいのほうが、発芽が速いことだってあります。

しかし、米を食べる側の人間としては困ります。米は私たちの主食だから、たくさんとれなくては困るからです。その意味では、米つくり、つまりモミに、自然物のイネが必要とする以上の量のデンプンをためることを考えなければなりません。それには、イネの葉や根の分業、いわばチームワークを上手に生かすのが本筋となります。

第十一話で、穂に送りこむデンプンの製造元は比較的上のほうの葉で、それを下葉が支援していると述べました。穂にたまるデンプンのもとの大半は上の葉にあると考えてまちがいありません。しかし、これは穂、茎、根の分業関係の理解のために述べたので、実はほかにもあります。それは、出穂前に稈にためていたデンプン（貯蔵性デンプン）。それもまた、出穂後は穂に動員されます。この割合は、栽培法や品種などによってちがいます（第17図）。

近年、超多収の飼料米つくりに関心が高まっていますが、インド型の超多収品種は、茎に蓄積したこの貯蔵性デンプンが多いこと、そして穂に転流する能力が高いと指摘されています（77ページカコミ③参照）。この稈のデンプンの利用法も、米つくりには大切ですが、この問題は今後どうして増収していくかの課題として、ここでは、葉でつくった炭水化物を、穂に集中的に送りこむしくみについて考えてみます。

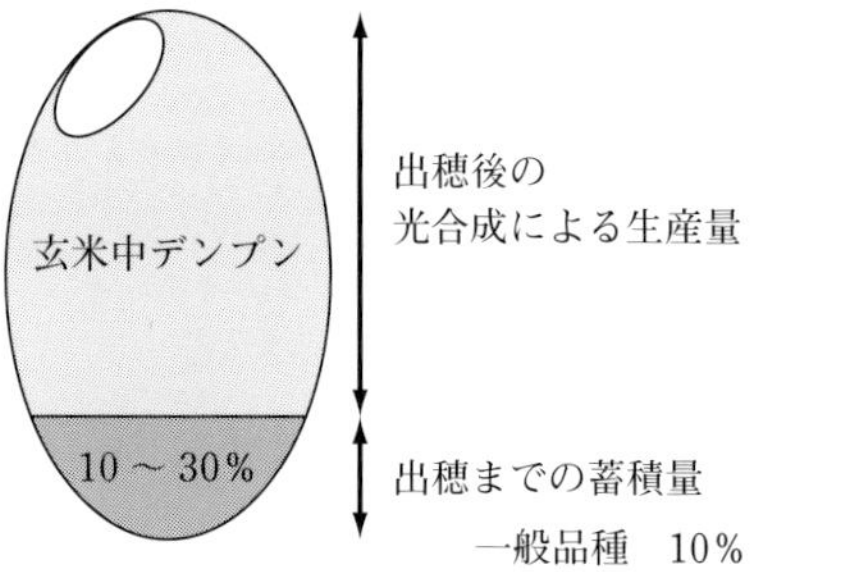

第17図　玄米中デンプンはどこから来るか（模式図）
玄米中デンプンのうち10 ～ 30％は貯蔵性デンプンの転流によるもの

穂にデンプンをたくわえるには三つの条件

穂にデンプンをたくわえるには、三つの条件がそろっていなければなりません。

第一に、葉が太陽のエネルギーを充分利用して空気中の炭酸ガスを同化すること。第二には、できた炭水化物が、葉鞘、節、稈のなかを移動して穂に送られること。第三に、穂が単にデンプンをたくわえる袋としてのはたらきだけではなくて、送られてきた炭水化物を、あたかも根がエネルギーを使って吸収するように養分を積極的にとりこみ、モミのなかにデンプンをためなければいけません。

これが穂にデンプンをためる三原則です。この三つの条件が一つでも満足にいかないと、千粒重二四グラムはおろか一〇グラムにもなりません。

第一の条件　炭酸ガスの同化

では、この三条件をどうしたら満足できるか。まず、葉の炭酸ガス固定能力を考えてみましょう。

光合成を行なっているもとは葉緑素、つまり葉緑体タンパク質という葉のなかの緑の色素をもったものです。これは、葉の表面にむきだしにはなっておらず、ほかの組織で守られています。したがって、炭酸ガスがそれらの保護機構の隙間を通って、充分に葉緑素にとりこまれなければなりません。もちろん、炭酸ガスの絶対量が不足しては意味がありません。

次に、このとりこまれた炭酸ガスが炭水化物に変わるには、水が分解されなければなりません。昔は、炭酸ガスが光によって分解され、炭水化物になるといわれていました。そして、そのとき、炭酸ガスに含まれていた酸素が外に飛びだすと考えられていました。

実際、植物は炭酸ガスを吸収して酸素をだすので、古くから空気の浄化剤と考えられていたのですが、その後の研究によって、炭酸ガスが固定されるときでてくる酸素は、炭酸ガスからではなく、水の分解によってでてくることがわかりました。つまり、光合成のときの光の主要なはたらきは、光が炭酸ガスを分解することではなく、水を分解することだったわけです。

水は、葉のはたらきを総合的に高める潤滑油の役割をしていることもありますが、光合成には水分が絶対に必要であることがご理解いただけたことと思います。

つまり、光合成を高めるには、いかに出穂後も葉に水分を保持させておくかが問題になってきます。それをどうするかは、ただ、水田に水をやっておけばよいという単純なものではありません。水田の利点のところで、水があるのはよいがそれにともなって有害物がでて、この有害物が根をいため、水分欠乏になる例をあげましたが、こうしたことはいくらでもあります。その意味では、葉の保水力を増すことのほうがもっと大切になります。

このほか、光合成の促進については、葉緑体タンパク質が欠乏するようなこと、つまり、養分不足になることや、光不足になることはできるだけさけなければなりません。

第二の条件　葉から穂への養分移動

次は、第二の条件、できた炭水化物を葉鞘や稈を通して、穂に送りこむことを考えましょう。この送りこみを円滑にすることは、実は、第一の条件で述べた、葉の炭水化物を合成する能力とも関係しています。

たとえば、いま汽車で人を運ぶ場合を考えてみましょう。上野行の汽車がすでに仙台で満員になってしまったとします。そのあと、乗客が上野までだれも途中の駅で降りなかったら、汽車の収容人員は仙台で満員になった人数にかぎられてしまいます。ところが、上野までの間にあるたくさんの駅で乗客が次々と降りていったら、その降りた人の分だけ途中の駅から乗客が乗りこめるので、汽車の収容延べ人員は増加します。この関係がそのまま葉の場合にもあてはまります。

炭水化物を合成する葉の能力を、汽車の乗客収容力とみればよいのです。つまり、途中下車のように、葉でできた炭水化物が次々と稈や穂に移動すれば、葉にためる炭水化物にゆとりができて、葉の光合成能力は促進されることになり、その分だけ光合成量は増加することになるわけです。だから、葉の光合成が盛んになるためには、つくった炭水化物が、円滑にほかの場所に運び去られることが重要になるわけです。

ところで、以前は、葉でできた炭水化物は、葉鞘や稈のパイプを通って簡単に穂に送りこまれると考えられていました。つまり、水の流れにしたがって物理的に移動すると考えられていたわけです。

しかし、葉鞘や稈がパイプの役目をもっているといっても、その運搬力は水道管のように、通路の大きさによって決まるという単純なものではありません。稈でも、葉鞘でも、第18図のように水で冷やしたり、または、毒物で稈や葉鞘の呼吸を止めてしまうと、葉から穂への炭水化物の運搬能力がなくなり、モミは稔らなくなってしまいます。パイプはパイプでも、水道管とはちがうのです。

このことからわかることは、稈や葉鞘が炭水化物を運ぶのは、ちょうど根が養分を吸収するのと同じように、稈や、葉鞘が呼吸をしてエネルギーをつくり、そのエネルギーで、炭水化物の輸送という大事な仕事をしているということ。死んだ稈や葉鞘は、本当にもぬけのからで、運搬には役だたないただのパイプにすぎないのです。

米つくりの上手な農家は、出穂から収穫期の間、つまり登熟期間は、穂の枝梗が緑色のうちは追肥します。このことは、炭水化物の運搬は、生きている稈や枝梗がその役目をはたしていることを農家が知っているからです。

第三の条件 炭水化物をデンプンに変える力

さて次に、第三の条件、モミが積極的に炭水化物をとりこんで、それをデンプンにする作用です。

炭水化物は、デンプンの形でからだのなかを動くことはできません。そこで、運搬されるときは必ず、甘い砂糖の形で運ばれます。したがって、穂が砂糖

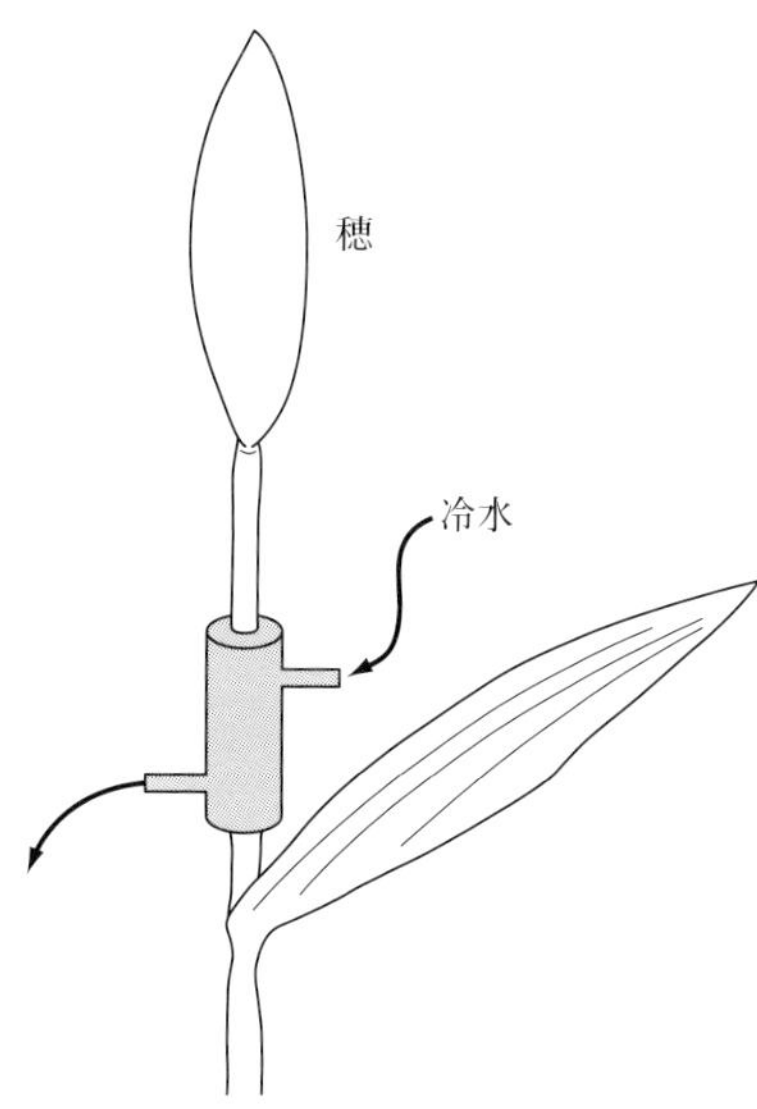

第18図　稈を冷やすと、葉から穂への運搬機能が低下する

ひと口メモ

炭水化物ってなんなの？

炭水化物は、ブドウ糖や砂糖、デンプンなどの総称で、そのほかにも果糖やデキストリンなどたくさんある。

たとえば、砂糖はブドウ糖と果糖が化合してできたものであり、デンプンはたくさんのブドウ糖が集まってできたもの。

デンプンは、糊づくりでわかるように、水に溶けにくい。そこでまず、葉で水にすぐに溶けるブドウ糖がつくられるが、これは変化しやすいので砂糖に変化する。この砂糖が水に溶けて、からだのなかを移動するわけだ。穂にいけば、砂糖が組みかえられてデンプンになる。

をデンプンに変える能力が大きくないと、満員の汽車の例と同じで、運びこまれた砂糖の行く場がなくなり、穂の炭水化物の収容能力は落ちてしまいます。

この、穂が砂糖からデンプンをつくるのもやはりたいへんな仕事で、穂は砂糖からデンプンをつくる仕事に精をださなければなりません。したがって、穂をいかに長生きさせるかが問題になります。

よく高温障害で登熟が悪くなることが問題になりますが、温度が極端に高いと、やたらに呼吸ばかり盛んになって、消耗が多く花が早く死んでしまいます。いずれにしても、登熟期間に穂がたくさんのデンプンをためこむには、穂も稈も葉も元気にはたらいていることが先決問題です。

なお、近年大きな問題になっている高温による登熟障害ですが、その対策も明らかになってきていま す。122ページのカコミ⑤に紹介しましたのでご覧ください。

穂・稈・葉　調和こそすべて

以上、穂にデンプンをためこむ三大条件をお話ししてきました。要するに穂、稈、葉が充分活動できる条件をもつことであって、その調節がカギになるわけです。しかも、その活動には目的があることを忘れてはいけません。どの部分も若さを維持するからといって、葉や稈、根も、穂にデンプンをためこむ各自の役目を忘れて、勝手に自己主張するようでは、つまらぬ腋芽が動きだしたり、稈が伸びて倒れたりして、イネ一家は倒産することになります。

なお、最後に申し上げたいことは、それぞれの器官が生きて活躍するということは、いかなる場合にもエネルギーの消耗がつきもの。そのとき炭水化物がエネルギー源になることはいうまでもありませんが、イネが炭水化物をためこむ以上に呼吸などで炭水化物を消費するようになっては、まったく意味がありません。

上手なイネつくりは、この生きることと、物質を生産することの組合せが非常にうまくいっていることであって、米つくりの喜びも悲しみもここにあるといえます。

第十三話

生育の時期と葉のはたらき

収量構成要素という考え方

収量構成要素*という言葉をお聞きになったことがあるでしょうか。これは、収量を組み立てている要素のことで、イネでいえば、単位面積当たりの「穂数」「一穂粒数」「登熟歩合」「千粒重」の四つの要素で成り立っています。

こうした計算から、肥料、植える株数、そのほかの栽培法を考えていくのですが、イネという植物は、そう機械的に反応してはくれません。

これまで、穂にデンプンを送りこむしくみばかりを話してきましたが、それは、必要なモミ数、茎数を確保してのことで、その意味では話の展開が逆だったかもしれません。しかし、必要なモミ数を確保し、あるいはむだなモミ数を減らして、しかも穂に充分デンプンを送りこむためには、四つの収量構成要素の間にいろいろと矛盾があります。

たとえば、たくさんの穂数を確保しようとして分げつを盛んにすれば、いやでも茂りすぎて、出穂後には、下葉ばかりでなく上の葉もいたみだし、調和のとれた葉、根、穂の分業関係は成りたたなくなります。この矛盾をいかに解決するかが、それこそ総合芸術といってよいイネつくりの妙味です。

どうするかは、簡単にいえば欲ばらぬことが肝心ですが、いずれにしても、出穂どきに必要な穂数、粒数、また、光を充分に利用する葉の数をどのように調節できるかを考えてみることになります。

そのために、まわり道にはなりますが、第十三話では、イネの生育と葉のはたらきについて考えてみましょう。

イネの育ちと葉のはたらき

さて、ここでは、主茎から出る葉の数（主稈葉数と呼ぶ）が一五枚の品種を例に考えていくことにし

＊収量構成要素（イネ）：
穂数×一穂粒数×登熟歩合×千粒重
（例）600kg/10aを目標として、20株/1m^2植えたとすると
穂数20本×一穂80粒×登熟歩合90%×千粒重21g×20株
＝収量604g/1m^2＝604kg/10a

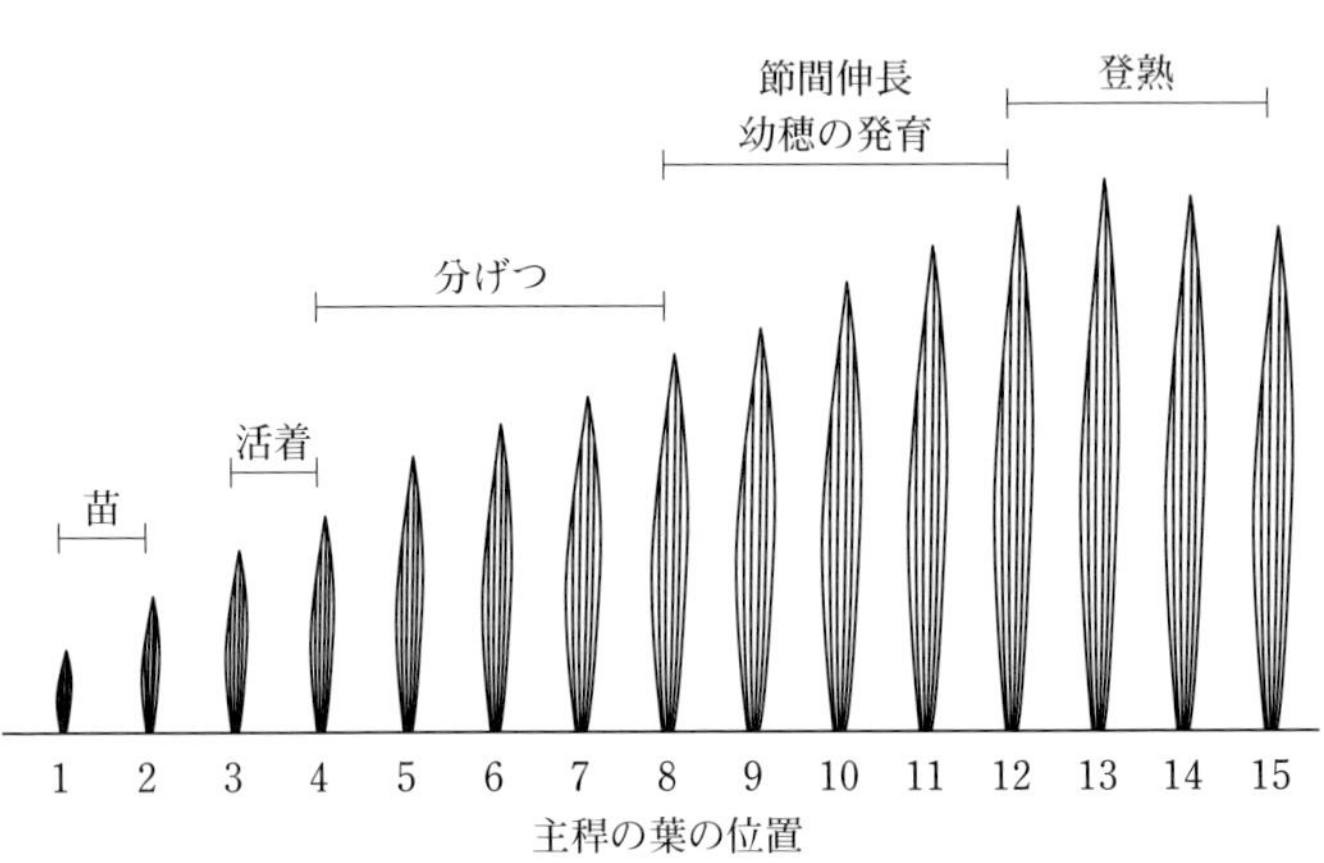

第19図　各生育に関係のある葉はどれか

ましょう。それらの葉のはたらき、いいかえれば、葉がつくった炭水化物の送り先は、生育時期でちがっています。ある葉は分げつをだすのに役だち、ある葉はモミの粒数を決めるはたらきをすることになります。

この関係を理解しておけば、粒数確保などの計画が具体的になります。

第19図を見てください。これは、生育に応じて特定の葉を切りとって、そのことによる生育の阻害から、葉の役割を考えたものです。図によると、発芽後出てきた一、二葉は苗自身を大きくするはたらきをもち、三、四葉は活着に、つまり本田で炭水化物を根に送り、新しい根を出させることに役だっています。ついで四葉から八葉までは、分げつの伸長に関係しています。したがって、分げつを調節するには、これらの葉をどのていど元気づけるかにかかっているわけです。

穂の大きさ・粒数が決まる時期の葉

さて問題の穂の大きさ、つまり粒数ですが、それには、八葉から一二葉が関係しています。もちろん、この葉は、穂の大きさばかりでなく、節間伸長にも関係しています。節間伸長とは、栄養生長の間は地際にぎっしり重なっていた節（不伸長節間という）が、穂が分化して生殖生長に入って伸び始めることで、イネの倒伏と深く関係しています。上位の四〜五つの節間が伸長節間といわれますが、その節間が伸びる時期と、八葉から一二葉が生長する時期とが重なります。そのため、穂肥と称してこれらの葉をねらって追肥すると、稈も伸びてしまい、倒伏問題がでてくるのは私たちがよく経験することです。

一二葉から止葉の一五葉が登熟に関係してくることは、前に述べたとおりです。

この関係を機械的にわりきって考えれば、分げつの確保には四葉から八葉を大事にし、穂の大きさを決めるのには八葉から一二葉を大事にすればよいわけです。つまり、それぞれの時期に、肥料を与えたり、意識的に切ったりして、目的どおりのモミ数を確保しようという考え方。

しかし、これはあくまでも原則であって、葉の老若の関係でお話ししたように、一葉から止葉までは、一連の鎖のように関連があるので、どれかの葉だけを元気づけようとしてもむりな話です。

たとえば、あとにお話しする「受光態勢」をよくするために、止葉を短くして穂だけ長くしたいと考えたとしましょう。しかし、これは不可能に近い。なぜなら、穂は葉の変化したもので、ある日突然、葉になるべきものが穂になったといっていいからです。だから、葉と穂の間にも新葉と古葉の関係があって、止葉を短くしておいて、突然に止葉との関係を断ち切って、穂だけを大きくすることはできないのです。分げつの調節や粒数の確保も、それくらいの幅をもって考えないと、実際上は役にたちません。

活動中心葉という考え方

前節で、第一葉から止葉まで、葉には一連の鎖のような関係があるとお話ししました。しかし、すべての葉が、稔りの最後まで、一様に同じようなはたらきをしながら生きつづけることはありません。炭水化物の製造を少しでも多くするためには、それぞれの葉が一様に活発にはたらいてくれることが望ましいことではありますが、そうはいきません。

ふつう、葉の同化能力は、最上位の未展開葉が小さく、その下の完全に伸びきった葉二枚ぐらいが最大で、それ以下の葉はふたたび低下しています。人間と同じように、生まれ、育ち、精一杯養分を生産し、やがて若い葉に栄養をバトンタッチして死んでいくのです（ひと口メモ参照）。そうしたことから、イネという植物にも、葉の位置とそのはたらきについて、「活動中心葉」という考え方があります。

新しい葉が出るときは、自分自身の生育に集中していて、光合成能力も比較的悪い。しかも、この新しい葉が生長するための栄養分は、その下にある伸びきった古い葉から供給されています。つまり、全体の光合成は、伸びきった比較的古い葉にまかされた形になっています。上から三または四枚目くらいの伸びきった葉は、光合成の力も強く、そこででき

ひと口メモ

イネの葉の寿命

人間と同じように、イネの葉にも寿命があり、生長―成熟―老化―枯死という過程を経て、一生を終える。第13話で話したように、新しい葉が生長し、伸びきった葉がもっとも光合成能力が高い「活動中心葉」としてはたらき、やがて、新しく伸びてきた葉にその役割をバトンタッチして、その役割を終えることになる。

展開を終えた葉の生存期間は、下位の葉では2～3週間と比較的短いが、上位の葉になるほど長くなり、止葉に至っては、展開後2か月以上もその機能を発揮し、光合成によってつくりだした炭水化物を、穂に送りつづけていることがわかる。

名人たちは、「収穫時期まで、上位の葉3～4枚生きていないと米はとれない」と言う。追肥、水管理などによってこれらの葉を最後まで生かし、多収穫を目指しているからだ。

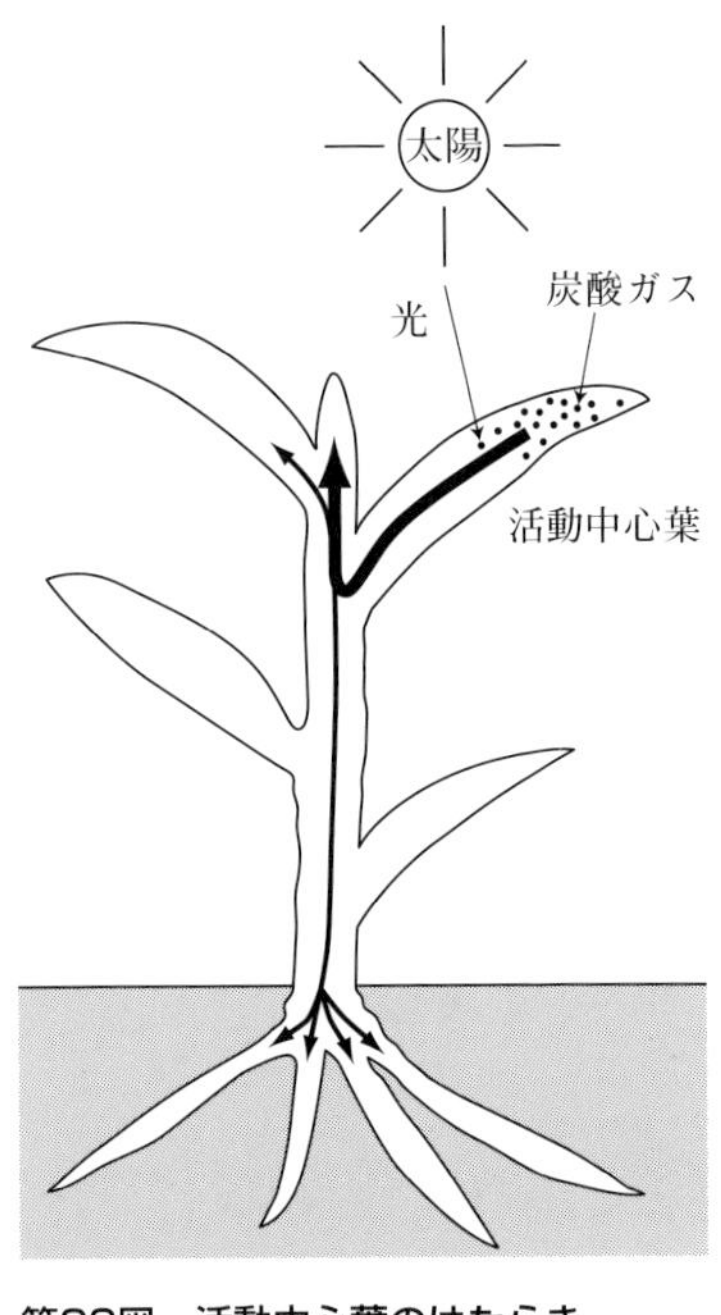

第20図　活動中心葉のはたらき

た炭水化物を、積極的に新しく伸長する葉や分げつ、穂といった部分に送りこんでいるのです。

このように、光合成能力のもっとも高い、伸びきった直後の活発な葉を「活動中心葉」（第20図）と名づけ、この葉がつねに中心となって新しい部分が発達し、イネの生育が進行していきます。したがって、この活動中心葉の活力を高めていくことが、光合成量を決定する重要なポイントになるわけです。

もちろん、この活動中心葉は、伸びきった直後の葉をいうのであって、その後日数がたつにつれてその資格を失ってしまい、活動中心葉はそれよりも上位の葉に順次移っていきます。

そして、ついに止葉が伸びきってしまうと、止葉が全体の活動中心葉的な性格を最後まで持ちつづけます。なぜなら、穂は、ちょうど、未展開の葉のようなもので、最後まで、栄養分をもらって発育することどまっているため、止葉は活動中心葉の地位を、ほかにゆずりようがありません。登熟に対して、止葉を含めて三、四枚の葉が大切な理由は、活動中心葉の考えからも理解できると思います。

第四章

多収への道は、光エネルギーの効率利用にあり

イネ増収への道はどこに？　それは、太陽の光の利用率を、出穂期以降にもっとも高くなるように仕組むことにあります。

第四章では、米多収のための、もっとも効率のよい光エネルギー利用法を考えてみましょう。

第十四話

「青田六石米二石」の教え

「青田六石米二石」とは、昔の米つくり名人が、米つくりを学びに来た若い人たちによく語っていた言葉です。穂が出る前に六石、いまでいう九〇〇キロもとれそうな草出来をしていたら、肝心の収量はたったの二石、三〇〇キロしかとれないよ！　というもの。つまり、出穂前にいくら青々と米がとれそうに見えていても、それは茂りすぎで、結局、米はとれないという皮肉です。

なぜでしょう？　それは、イネという作物が、太陽の光を充分受ける葉数ができたら穂ができ、その後は葉がふえることはないという、便利な作物ではないからです。

出穂三〇〜四〇日前にりっぱでは大問題！

親茎の葉が一五枚で出穂する品種の場合で考えてみましょう。もしも一二枚目の葉が出るころに、太陽の光をちょうどよく受けるようなからだになったとします。これはイネの葉が田の全面を覆い、土の表面には光が届かなくなっている、「青田六石」状態と考えてさしつかえありません。しかし、そこからが問題なのです。というのは、止葉が出るまでには、あと三枚の葉がふえてくるからです。そうなると、先に出ていた葉はあたりが暗くなって、元気がなくなってしまいます。根は活力を失い、養分吸収も頭打ちになる。これが過繁茂、つまり「青田六石」状態。穂は、止葉のあとに出てきますから、過繁茂状態で稔っていかなくてはなりません。

こうなると、デンプン合成がもっとも大切になる出穂期以降の葉は、根からの養水分の補給も少なくなり、活力が衰え、せっかく光があっても、それを利用できないようなイネになってしまいます。収穫どきにはガサガサのイネ……世にいう「青田六石米二石」のイネ、また、「青田づくりの名人」というりっぱな名前をちょうだいすることになります。

この本の一番はじめに、一〇石どり、いまで言う一五〇〇キロどりの可能性を指摘しました。その場合、出穂後四〇日間に降り注ぐ光をどのように利用するかが問題だとお話ししましたが、この期間に太陽エネルギーを有効に使うためには、それ以前におこるイネの過繁茂をさけることがその第一条件ということができます。

つまり、出穂期までは、光をむだにしているように見えますが、株間を明るく保っておいて、出穂期以降に、イネがまんべんなく光をつかむようにするのが増収のポイントということになるわけです。

では、いったいどうしたら出穂期以降に光の利用率を高めることができるでしょうか？　それには、まず、青田をつくってしまう頭のきりかえをしなければなりません。

青田づくりで収量が伸びた時代もあった……

日本のイネの平均収量（一〇アール当たり）は、一八八二（明治十五）年に一八〇キロ、一九二二（大正十一）年に二八五キロ、一九三八（昭和十三）年に三〇〇キロ、一九六〇（昭和三十五）年には四〇五キロとなり、二〇一七（平成二十九）年の収量は五三四キロと、明治時代の三倍近くまで伸びてきています。かつては冷害に悩まされた北海道も、その収量は全国平均を上回る五六〇キロを達成しています。寒冷地のイネつくりとその増収技術は、世界に誇れるものがあります。

その要因は、皮肉にも、ある意味では肥料を与え青田づくりをしてきたことにあります。

私たちの先輩は、栽培期間の短い東北、北海道で、いかに収量を上げるかに懸命な努力をはらってきました。品種改良、肥培管理とあらゆる手を打ってきたわけですが、その目標とするところは、寒いところでいかに早くからだを大きくして、充分な穂をつけるイネをつくるかにありました。これを一言でいえば生育促進技術といっていいでしょう。

早く大きくして勝負するには、植える苗にたくさんの養分を与えること、保温して苗を育てて生育をすすめること、元肥をたくさんやること、また、密植にしていくらかでも早く茎数を確保することなどがすすめられました。それでも東北や北海道は冷涼な気候であるために過繁茂にはなりにくく、生育を促進すればするほど、出穂後の光の利用率が高まっていったのです。これがイネ北進の一つの要因です。

ところが、この生育促進技術が進歩するにしたがって、光利用の効率のよい時期が来るのもまた早まるようになり、寒地でもついに過繁茂の害が現われてきました。田植え機で移植するようになってからは、植える手間がかからなくなったためにさらなる密植が可能になり、過繁茂になる時期も早まっていきました。暖地では推して知るべしです。

勝負所は出穂後四〇日間の光のつかまえ方

こう考えてみると、いまのイネつくりの課題は、「過繁茂を防ぎ、光の利用率が最大になる時期を出穂期にあわせること」にあることが明らかになってきます。いきすぎた生育促進技術を少しもどす。つまり、初期生育をおさえることになるのです。

読者は疑問に思われるかもしれません。それではイネつくりが逆もどりして、収量が下がりはしないだろうかと。しかし、けっして逆もどりにはなりません。古い時代の苗代づくり、初期生育期間の長い晩生のイネ、有機質肥料といった条件のもとで初期生育をおさえることとは、まったく問題が別だからです。

いずれにしても、過繁茂を防ぐ手としては、元肥をひかえること、水の管理をよくして徒長を防ぐこと、しかも、根の張りをよくして出穂期以降に根の活力を落とさないこと、葉の色にまどわされて追肥をやりすぎないこと、出穂期以降の葉の茂りを防ぐために、植える株数や苗数、植え方なども工夫すること、以上のような点を注意していけばまちがいありません。

イネつくりの名人たちは、生育初期のイネは小型のイネにするとか、貧弱なイネとか、みばえのしないイネをつくるなどと言ったりしてきました。それは、出穂期以降に光の利用率が最大になるイネの姿を求めてのことなのでした。

ことわっておきますが、山間僻地のようないまだに充分な茎数を確保できない場所で、初期生育をおさえるのは困ります。そのときは、施肥もそうですが、栽植密度も高くして生育を促進することが先決で、過繁茂をさける考えは、そのあとにするべきです。

ところで、出穂期前四〇日ごろまでみばえのしないイネをつくったら、穂も小さく、粒数も少なくなって結局収量が落ちるのではないかと心配する方もおられるかと思います。もちろん、第十三話のテーマ、葉のはたらきのところで述べたように、葉が小さければたしかにモミの数も少なくなります。しかし、それが逆に、秋の登熟をよくする要因になるのだから、話はおもしろくなってきます。

ひと口メモ

品種の話　2題

★その①　穂重型品種と穂数型品種

イネの収量は、株当たりの穂数、一穂粒数、粒重などの収量構成要素により決定される。一穂粒数が多いか粒重が重いために一穂重が重く、株当たりの穂数が比較的少ない品種を穂重型品種、逆に一穂粒数が少ないか粒重が小さいために一穂重が軽く、株当たり穂数が比較的多い品種を穂数型品種という。イナ作名人たちは、「穂重型を穂数型に、穂数型を穂重型につくれ！」と、品種の多収を何によって達成するかを語った。

★その②　北海道米はなぜ美味しくなったのか？

かつて、北海道の米は「鳥またぎ米」と揶揄された。しかしいまでは、「ゆめぴりか」「ななつぼし」「ふっくりんこ」など、特A米が続出している。背景には、1970（昭和45）年に始まった北海道をあげての美味しい米つくりプロジェクトがあった。そこでわかってきたのが、低食味の要因として、従来いわれてきた高いタンパク質含有率だけでなく、アミロース含有率が高いこともあるという事実であった。その分析を担当したのが稲津脩博士。年間2万点の低アミロース品種の選抜が実施され、本州の美味しい米に匹敵する品種が育成されていったのである。

第十五話

茎にたくわえたデンプンを有利に利用する技

穂のなかのデンプンのルーツを探る

では、生育の初期にみばえのしないイネに育てると、米つくりにどんな利点となって現われてくるのかを、一つひとつ考えてみましょう

穂にデンプンを送りこむカラクリの説明で、穂に送られるデンプン源としては、葉の光合成によるもののほかに、出穂前に稈にたくわえられていたデンプンがかなりあることを述べました。しかも場合によっては、五割近くになることがあります。

第21図は、生育にともなってデンプンがからだにたまる場所が変わることを示したものです。

まず、イネが若いころは、葉鞘にデンプンをためます。ついで稈が伸びると、葉鞘のデンプンは稈に移って、稈にデンプンがたまってきます。そして、穂が出てしまうと、こんどは稈のデンプンが減って、そのデンプンが穂に送りこまれます。デンプンが葉鞘から稈へ、稈から穂へと、生育がすすむにつれて橋渡しされていくわけです。

ところで、出穂前に稈にたくわえられたデンプンの量とそのデンプンが穂に移る割合は、イネのつくり方で変わってきます。一つにはチッソ肥料の吸収量によるちがいです。

第22図にその関係を示しました。データが古くて恐縮ですが、一貫は三・七五キロ、つまり、グラフの左からチッソ三・七五キロ、七・五キロ、一五キロ、二六・二五キロ吸収したときの、穂への蓄積デンプン移行割合を示しています。

この図から、チッソ吸収量が少ないイネほど稈にためたデンプンは多く、しかも、穂に移る率も大きいことがわかります。つまり、施肥チッソを減らして初期生育をおさえたイネは、出穂前にかなりの量の穂づくりデンプンを準備していることになります。

そうなれば、出穂後に葉が生産しなければならない

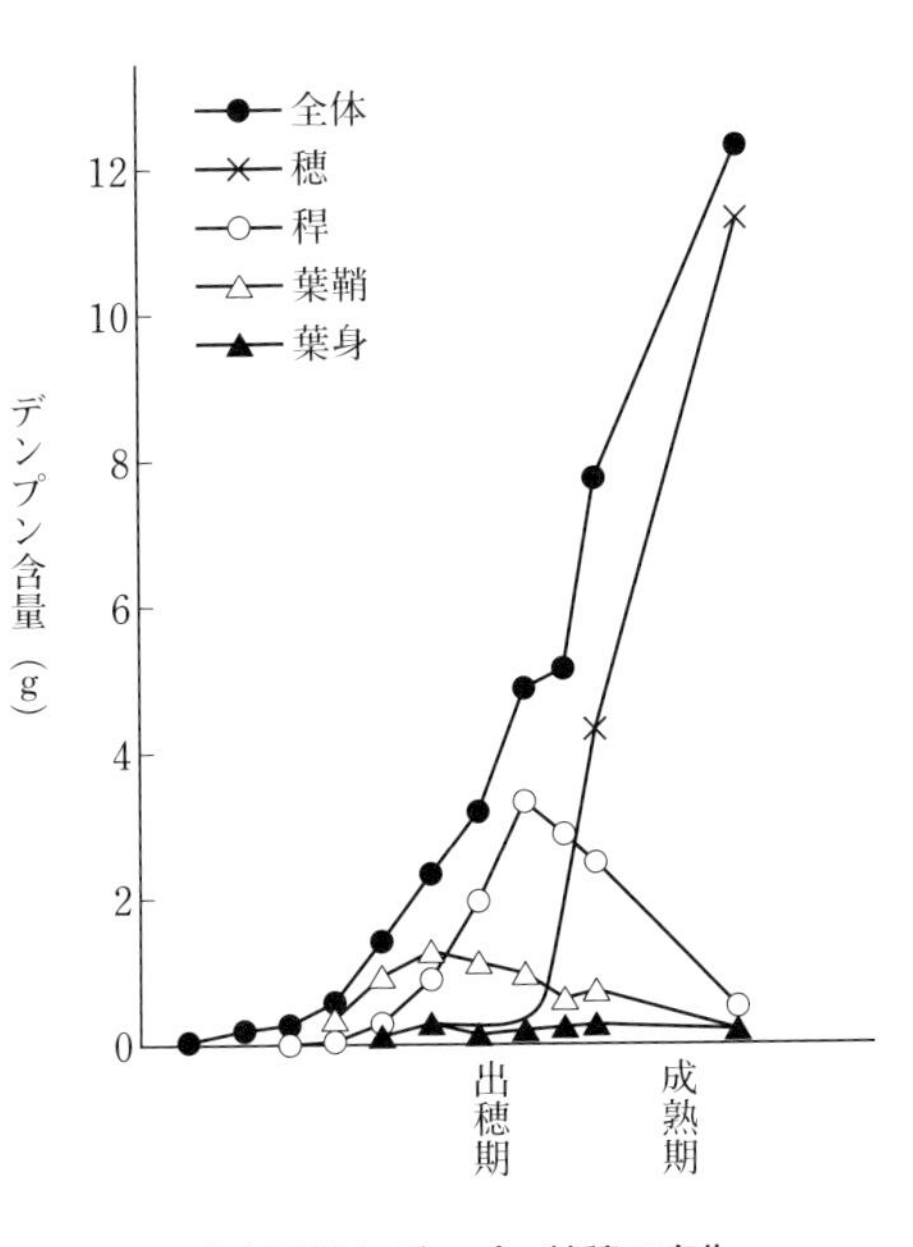

第21図　生育時期とデンプン蓄積の変化

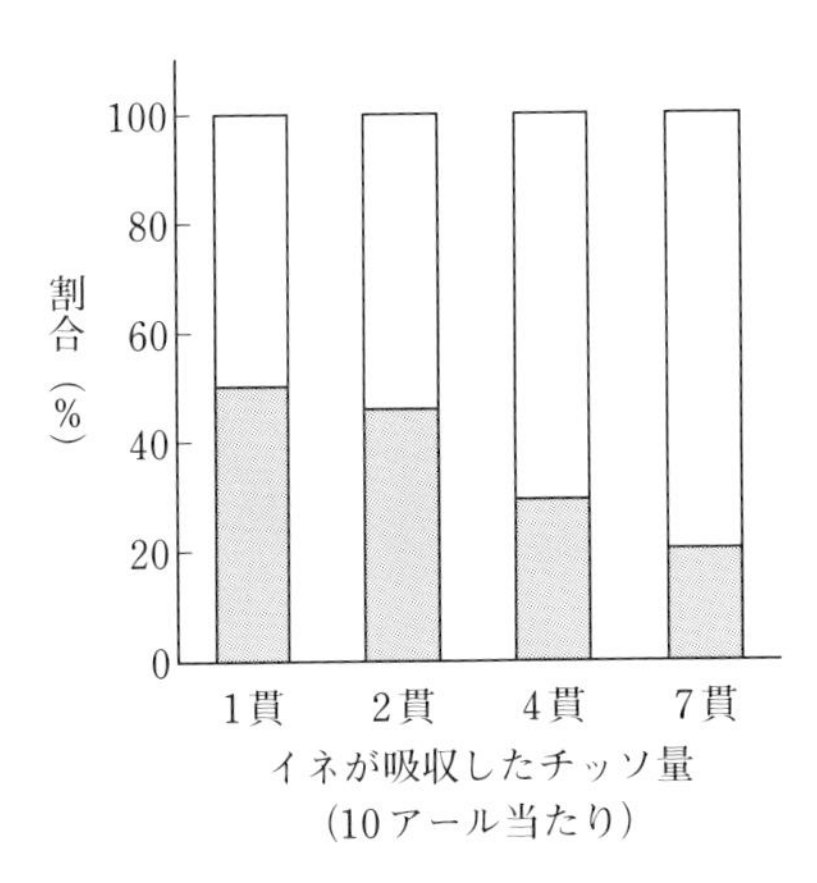

第22図　出穂前に蓄積されたデンプンが穂に利用される割合はチッソの吸収量によってちがう

▨ 穂のデンプン量を100としたときの、出穂前に蓄積されたデンプンが利用された割合

デンプン量が少なくてすみますから、葉のはたらきの負担がそれだけ軽くなるわけです。これが、出穂前に稈にたくわえた、デンプンの利点です。

ヨードデンプン反応を活用する

昔から、「イネに三黄あり」といわれてきました。イネを上手につくるには、生育期間中に葉色を三回黄色くすることが大切だという教えです。

一回目は苗、二回目は穂づくりが始まる出穂一か月前（穂首分化期）、三回目は収穫期を迎えた黄金波打つ稲穂の様子を表わしています。

一回目と二回目は、生育途中でイネの体内のチッソ濃度が低下して、葉鞘に蓄積されたデンプンがふえた結果の色。とりわけ二回目の黄色は、穂肥の判断にとって重要な意味をもちます。

イナ作名人は、二回目の黄色になる時期に、ヨードデンプン反応を行なうことによって、葉鞘に蓄積されたデンプンの量を調べ、加えて葉の色や繁茂の状態などを観察して、追肥の時期や量を判断しました。

ヨードデンプン反応の調べ方とそれをもとにした穂肥の判断については、次ページのイラストをご覧

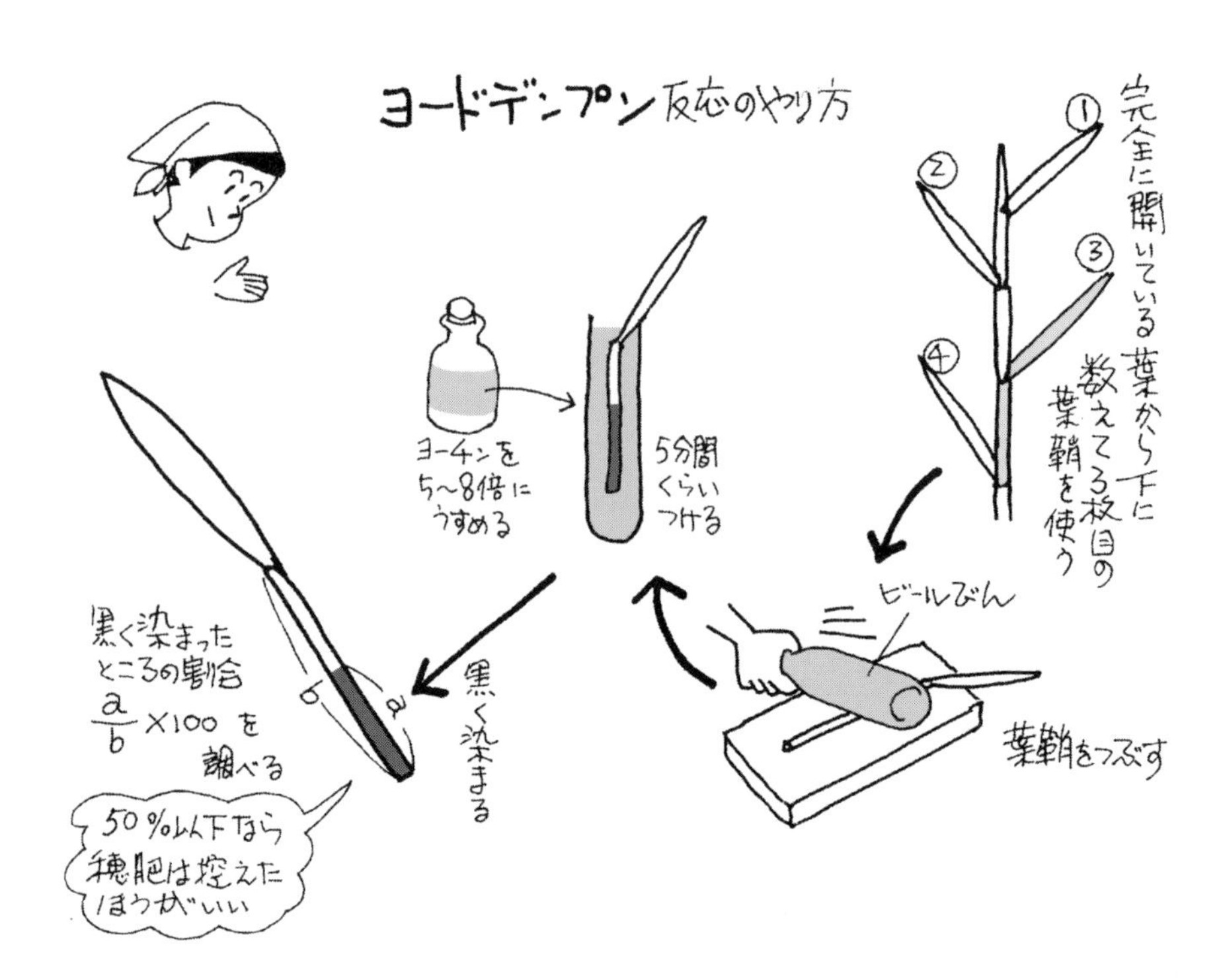

ください。

チッソが効いて徒長しがちなイネは、茎にデンプンをためないので、一応の判定基準になります。しかし、チッソが少なくて肥え切れしてもデンプンはたまりますから、イネの姿と両方を見て判断すべきです。

なお、最近では飼料イネなどの超多収イネ品種の栽培で、稈にたくわえたデンプン（貯蔵性デンプン）の有効利用に注目が集まっています。超多収を達成するには、出穂後に光合成で稼ぐデンプンだけでなく、出穂までに稈にたくわえていたデンプンの量、そしてそれを穂に転流する能力が重要になるからです（次ページのカコミ③参照）。

近ごろの多収品種は蓄積デンプン利用型

❸

農研機構で実施された多収プロジェクトで、コシヒカリなどの一般主食用品種と、飼料米などの多収品種について、その特性のちがいや栽培の留意点が明らかになってきた。現在では、日本型多収品種のモミロマン、インド型多収品種のタカナリや北陸193号など、多くの品種が育成されている。

多収品種は蓄積デンプン利用型

その特徴を整理する。

①大きい穂を、太くて強い茎で支えている

茎が太くて強いために、草丈が長くても倒れにくく、多肥栽培が可能である。

②収量性の潜在能力が高い

収量性の潜在能力は、モミ数×玄米一粒重で表わされる。モミ数×玄米一粒重×登熟歩合＝収量となる。同一条件でみると、多収品種は三〇％ていど高い。つまり多収の可能性が高い。

③貯蔵デンプンの穂への転流能力が高い

モミのなかにどれだけのデンプンを詰めることができるかは、登熟期間のイネの光合成能力と、茎などに蓄積していた貯蔵性デンプンの穂への転流によって決まる（62ページ参照）。

貯蓄を効率的に利用するのが多収品種ということになる。とりわけ、インド型多収品種のタカナリや北陸193号は、貯蔵性デンプンの転流能力が高いといわれている。

茎は太く、止葉は天に向かって伸びている、多収品種「北陸193号」（写真：長田健二）

的確な穂肥と実肥 完全落水を一週間遅くする

多収のためには、葉に最後まではたらいてもらうための的確な追肥と、ふえたモミ数を最後まで稔らせるための水管理が欠かせない。

一〇アール当たり五〇〇キロから八〇〇キロに収量をふやすには、チッソ吸収量を一〇キロから一五キロ以上、つまり、慣行の一・五倍にしなければならない。しかし茎が太く倒れにくい多収品種とはいえ、やりすぎると施肥効率が低下して、かえって収量が下がる。

また、多収品種はモミ数がふえるだけでなく、二次枝梗の割合が増加する。そこで、登熟後半まで光合成やデンプンの転流を高めないといけないので、一般の品種よりも、完全落水の時期を一週間ていど遅らせることが重要である。

第十六話

葉は主人、モミは扶養家族

モミ数と収量の関係

さて問題の初期生育をおさえたところで、貧弱な生育では一株のモミ数が減り、結局損になるのではないかとの疑問に答えましょう。

第23図は、V字イナ作*で知られる松島省三氏による、一株のモミ数と登熟歩合の関係を表わした研究成果です。図からわかるように、一株の粒数が多くなるほど登熟歩合は下がり、一六〇〇粒を超えると、完全に稔るモミはわずかに四割になってしまっています。少なくとも八〇~九〇%の登熟歩合は確保したいところですが、そうするには、株当たりのモミ数は一〇〇〇から一三〇〇くらいにおさえなければならない。もちろん、この数字は絶対的なものではなく、植え込み株数など、イネの育て方で変わってきます。

しかし、少なくとも、モミ数がふえれば、登熟歩合が減り、シイナ（稔りきれないモミ）が多くなる傾向は認めざるをえません。第十三話で、あまり欲をだすなとお話ししましたが、これがその理由の一つです。

では、なぜ粒数がふえるとシイナがふえるのでしょうか？

穂は、直接根から養分をもらって自分の力で炭水

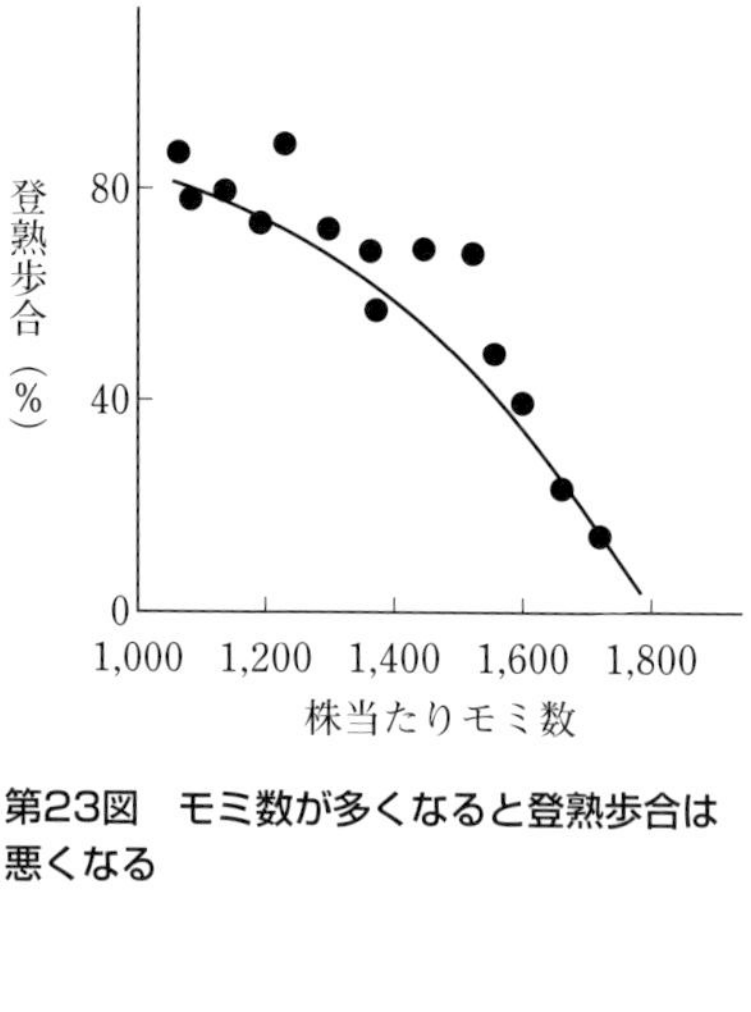

第23図　モミ数が多くなると登熟歩合は悪くなる

***V字イナ作**：松島省三氏によって提唱されたイナ作技術。モミ数をふやそうとチッソをやれば登熟が悪くなる矛盾を、出穂前33日ころイネの体内チッソを切れば、モミ数を確保しながら登熟歩合を上げ、増収できるとした。登熟歩合が、チッソの施用時期とともにV字型に変化することからきた通称。

化物をつくり、それを蓄積するのではないことは第八話ですでに述べました。つまり、モミは、ためこむ養分やデンプンを、葉や稈からもらって稔ってくる。稈からくるデンプンが全体の五割をしめることもありますが、それは極端な場合です（チッソが不足して粒数も少なく、また、出穂後葉のはたらきが落ちて、結局比率としては稈からのデンプンが五割にもなってしまったにすぎない）。ふつう、稈からくるデンプンは二〜三割と考えればよいでしょう。

こうして考えてみると、モミ数がふえると登熟歩合が減る理由がよくわかってきます。つまり、私たちの家族構成のようなもので、葉を主人と考え、モミを扶養家族とみればよいのです。葉が炭水化物をつくる能力には限界があって、モミの数がふえると、とても家族全部を養いきれなくなります。いきおい、脱落して発育不良のものがふえてくる。つまり、家族がふえれば、一人当たりの分配量が減ってくるのと同じなのです。

ひとロメモ

モミに送りこまれるデンプンの話

稈にたまったデンプンが穂に送りこまれるといっても、デンプンそのものが移動するわけではない。甘酒のように、稈のデンプンがいったん水に溶けやすい砂糖になってからだのなかを移動し、その砂糖が穂でふたたびデンプンに姿を変えてたまっていく。だから、稈からくるデンプンというのは、稈そのもののデンプンではなく、いったん砂糖に分解されたものが穂にデンプンとしてたまるのである。

炭水化物をデンプンに変える力のもと

このとき分配量が減るだけなら、イネ一株がつくったデンプン、つまり一家の収入は変わらないことになりますから、全体としてモミ数が多かろうが少なかろうが、クズ米の量が変わるだけで、収量は一定ということになります。しかし、デンプンが穂にたまるしくみのところで述べたように、モミは葉から送られてきた炭水化物をデンプンに変えて、積極的にデンプンをたくわえる仕事をしています。つまり、呼吸をしてエネルギーをつくり、そのエネルギーでデンプンづくりをしているのです。私たちの家族関係でいえば、家族が多ければ、それに応じて支出が多くなるのと同じ理屈になります。したがって、一家の家計簿は、家族つまりモミ数がふえれば、それだけ黒字が減ってくることになる。

長い穂の一部を切って粒数を減らすと、千粒重が一グラム増加したという実験結果も報告されています。送りこまれた炭水化物をデンプンに変えるために使うエネルギーの増加、それが、モミ数をふやすと登熟歩合が落ちてくる大きな理由なのです。

葉っぱの元気と根の元気

もちろん、この話は、葉の炭水化物合成の能力に限界があることを前提にしての話です。したがって、葉の光合成能力、つまり、主人のはたらきいかんでこの関係は変わってきます。葉が元気にはたらけば、少しぐらい家族がふえても、登熟歩合は落ちません。そうするために、出穂後の葉のはたらきをいかによくするかが重要になってくるわけです。

ところで、葉のはたらきをよくするということは、前にも述べたように、出穂期前のイネが問題なのです。出穂前にりっぱな大きな葉をつくろうとすると、過繁茂になり、根はいたみ、穂が出てから葉は疲れて、使いものにならなくなります。もちろん、止葉が大きいから、粒数も多くつくことにはなります。しかし、主人である葉のはたらきがないのに養う家族数は多くなるので、一家は自滅せざるをえない……第十四話でお話しした「青田六石米二石」とは、まさにこの状態と言えるでしょう。

欲ばらずに、初期生育をおさえ、モミの数をふやしすぎないで、出穂期に光の利用率を高めるようにすることがいかに大切か、おわかりになったと思います。

第十七話

光のあたりぐあいは立体的に

イネは生きものです。穂がたくさんあって扶養家族をかかえると、どうしても疲れてしまう。

穂にデンプンをたくわえるしくみのところで、仙台から上野までの汽車の収容人員の話をしました（第十二話）。あの話のかぎりでは、乗客が途中下車すれば、空いたところに新しい人が乗りこむことができるから、全体としてみると、それだけ汽車の収容能力、つまり葉の同化量が高まる可能性が大きくなることになります。

たしかにそのとおりですが、それを実現するには、空いたところに同化養分を送りこむための、葉の同化能率を高める条件がなければなりません。乗客が降りて隙間がふえたにしても、そこに送りこむ同化養分が足りなければ話にならないからです。

葉の炭水化物合成が高まる条件とは、第十二話で述べたように、水分を確保すること、葉緑体タンパク質が充分あること、炭酸ガスが充分にあること、そして光が充分あたることです。

立った葉と垂れた葉

ここで、粒数が少ないイネの、光のあたり方について考えてみましょう。

粒数の少ないイネは、止葉も短いことはすでにお話ししました。止葉が短ければ、止葉をつくるときにはたらいたその下の葉も、相対的に短くなります。この関係を第24図で見ていただきましょう。葉が短いと、いやでも葉が立ってくる。一方、長い葉は、自分の重みでどうしても垂れやすくなります。

もちろん、イネの葉はたがいちがいに出ているので、上の葉が少々大きくても、下の葉が暗くなることはありません。

しかし、私たちは、一本の茎を水田に植えているのではないし、また、一株のイネを育てているのでもありません。イネはたくさんの仲間といっしょに

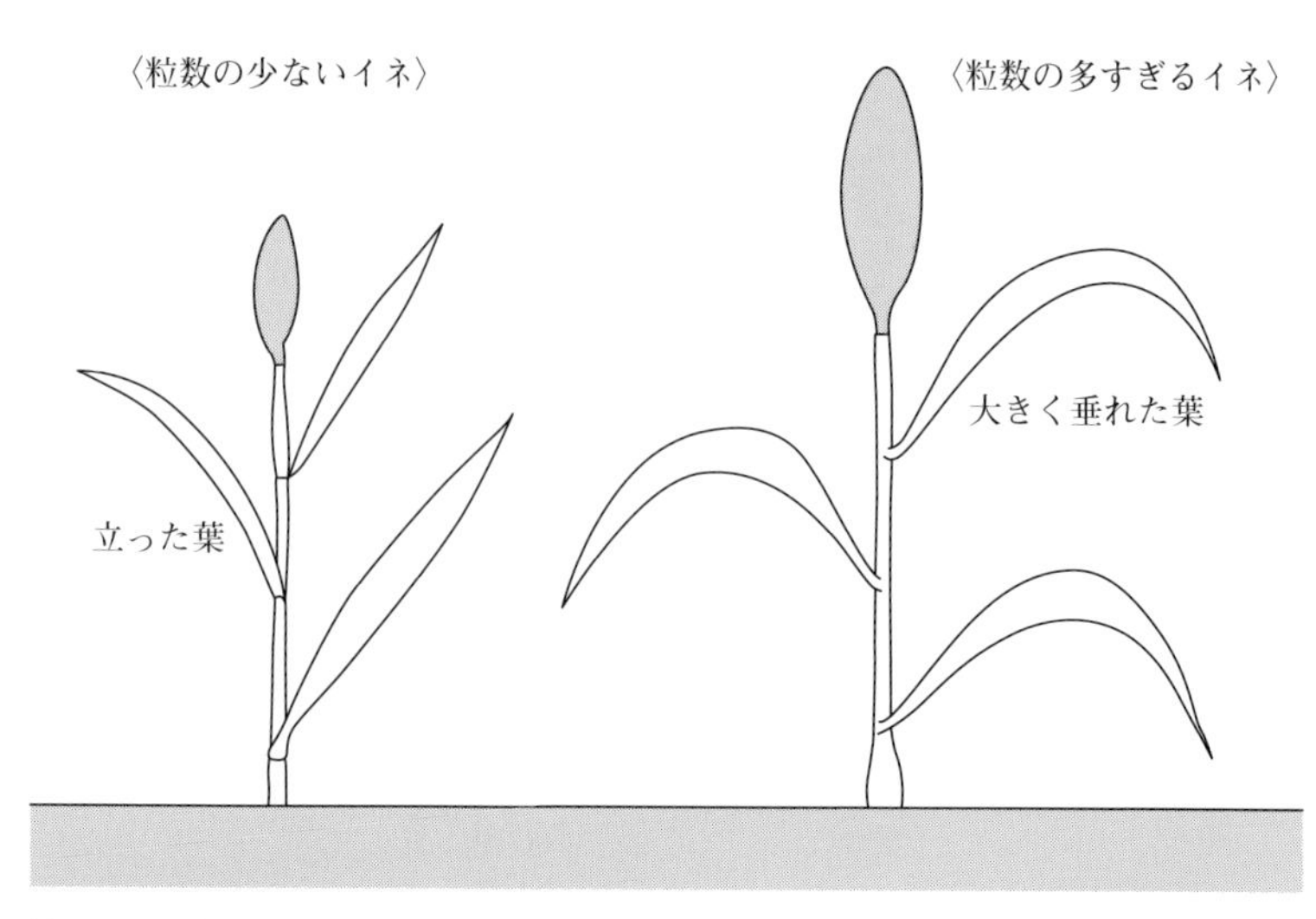

第24図　粒数の多いイネと少ないイネの姿

育っています。そのとき、上の葉が大きくて、しかも、垂れて横に広がっていれば、迷惑この上もありません。

この関係をもう少し詳しく説明しましょう。

この話をわかっていただけるかどうかが、この本を使いこなす一つの決め手になるので、もうしばらくごしんぼうください。

光を受け止める葉の面積と配置を考える

葉の炭水化物合成能力を高めることが、穂にデンプンをためる第一条件であることは、すでに話したとおりです。ところで、葉にたくさん炭水化物をつくらせるのに、もう一つ大切な条件があります。それは光を受ける葉の大きさ、つまり葉の面積です。

先ほどの汽車の例でいえば、葉の炭水化物合成能力は客車の収容能力にあたります。客車一両に一五〇人の収容能力があるとすると、一列車の収容量は客車の数に比例して多くなります。三両連結の汽車は四五〇人になり、六両連結すれば九〇〇人になる計算です。

この客車の数が、葉の面積と考えてください。だ

＊**葉面積指数　leaf area index（LAI）**：単位面積上にある葉の全面積。たとえば、1m²の田んぼに育ったイネの全葉面積が3m²ならば、葉面積指数3（LAI 3）となる。

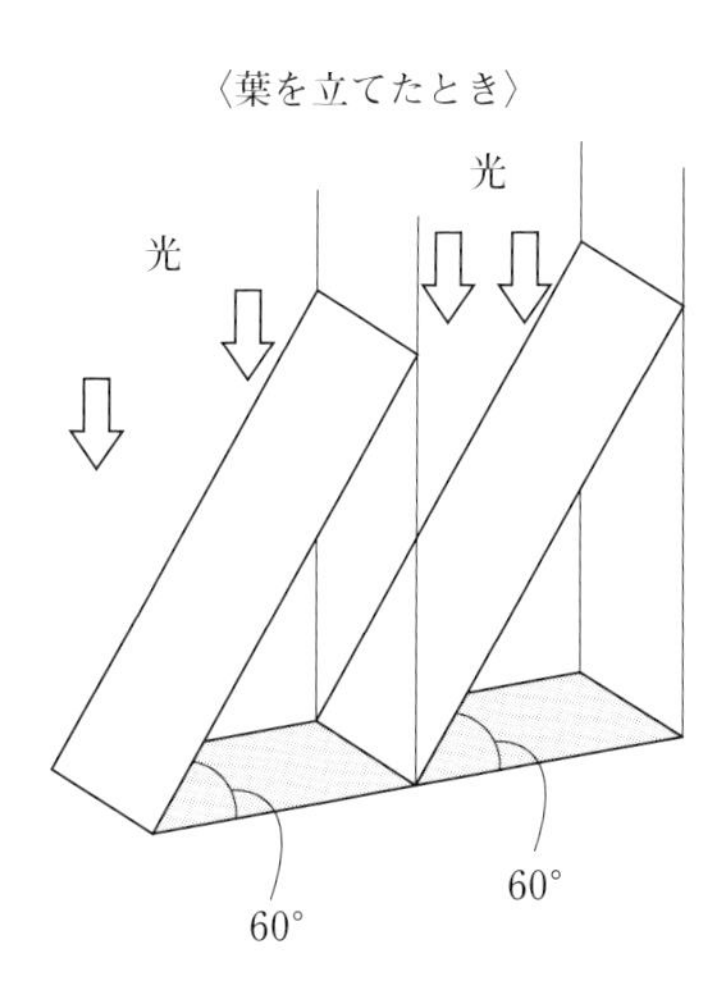

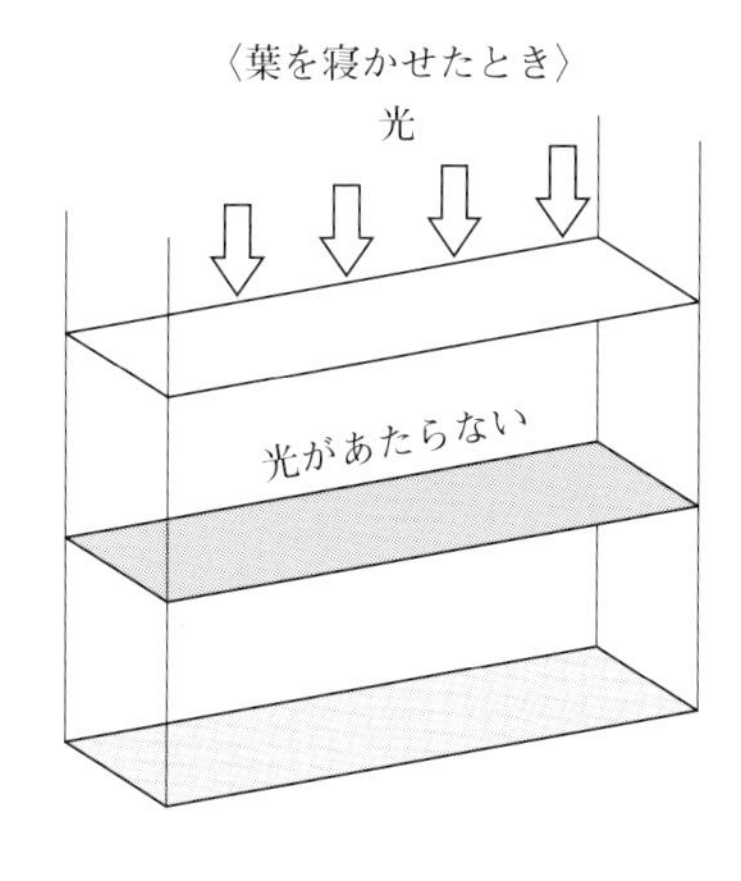

第25図　葉を立てると光の利用率がよくなる

から、葉面積が大きければ、大きいほど穂に送りこむデンプンの製造量がふえてきます。この葉の面積を比べるための考え方に、葉面積指数＊（ＬＡＩ）があります。群落の葉の繁茂ぐあいを示す指標で、数字が大きいほど葉が茂っていることを表わします。

葉面積は大きければ大きいほどいいと話しましたが、やみくもに大きくしても、陰の部分をふやすだけだということは容易に想像がつきます。もっとも適した葉面積は、照り付ける光の強さと関係するし、同じ葉面積でも、葉の配置によって光の利用率がちがってくることも容易に想像がつきます。

第25図を見てください。同じ広さの面に、二枚の葉の置き方を変えて並べたものです。右側は葉を横に寝せて上下に並べて置いた場合、左側は二枚の葉に六〇度の角度をつけて立てた場合です。光が真上からあたっているとすれば、右側は上の一枚だけにしか光があたらず、下の葉は上の葉にさえぎられて陰の状態に置かれることになります。それに比べて左側は、二枚の葉ともに光があたっており、二倍の面積で利用していることになります。

光の強さは二分の一に減りますので、それで大丈夫なのかと心配されるかもしれません。結論からいえば、日中の光は強く、二分の一に減ったからといって、光合成による炭水化物生産量はほとんど変わりません。光合成速度には、光飽和点*があるからです。つまり、斜めに並べた二枚の葉は、横に寝せた葉の二倍近い光合成を行なうことができるわけです。

さらに、呼吸による消耗があります。葉を寝かせた右側の場合、上の葉の陰になった葉は、光合成ができないだけでなく、呼吸で消耗するだけの存在になってしまいます。だから、炭水化物量の総量は、一枚分の光合成量よりも少なくなってしまうことになってしまいます。

では、葉が立つなら、一枚の葉が大きければ光があたる葉面積がますますふえて、光の利用が高まるのではないかと思うことでしょう。しかしそう単純ではありません。葉が大きくなることは望ましいのですが、大きくすれば葉が立ちづらくなるし、穂のモミ数がふえて、葉とモミの親子関係がまずくなるからです。

もう一つ大切なことは、養分輸送の関係があります。葉面積を広くするときには、一枚の葉を大きくするよりも、葉の数でこなしたほうが有利だからです。それは、止葉やその下の葉がモミにつながる道は、それぞれ少しずつちがっているからです。

モミ―枝梗―維管束の連結パイプ

イネの穂をよく見ると、分げつと同様、第26図のように、一次枝梗、二次枝梗と枝わかれして、その上にモミがついています。この枝が葉と連絡していて、炭水化物を送る道になっています。

この枝と葉は、たくさんの維管束（パイプのようなもの）で連絡していて、一応はどの葉からでもデンプンをもらえるしくみになっています。しかし、そのパイプは細いのから太いのまで種々雑多で、もっともよく連絡しているものは太いほうのパイプです。また、この太いパイプは、枝梗によってつながる葉がちがっているため、止葉一枚だけで穂を養うことはパイプの関係からいってもむり。そのため、どうしても止葉から三、四枚下の葉までは、思う存分はたらいて、穂にデンプンを送りこんでもらわないと困るのです。

最後まではたらいてくれる葉の数を確保すること

＊光飽和点　**photic saturation**：光合成速度は光が強くなるほどふえるが、ある強さ以上になるとふえなくなる。この光の強さを光飽和点という。日中の光の強さは、光飽和点をはるかに上回っているため、光が半分になっても光合成はほとんど変わらない。

は、穂にデンプンをたくわえていくうえで欠かせないことをおわかりいただけたでしょうか。

ここで注目しておきたいのが下葉です。第十九話で詳しくお話ししますが、下葉は、養分を地上部から根に送りこんで根の元気を支え、根に、吸収した養分を地上部に送りこんでもらって千粒重が高めるはたらきをしています。もし、過繁茂になって下葉に光があたらず枯れてしまったとしたら、このはたらきもストップ。当然、根からの栄養補給が窮屈になったイネは稔りも悪くなってしまいます。

繰り返しますが、最後まで下葉に元気にはたらいてもらうことを忘れてはいけません。第二十一話でお話しする疎植栽培は、そのことを強く意識した栽培といえるでしょう。

第26図　1つの穂は、何枚かの葉とパイプでつながっている

光の立体利用型で

たびたび話してきたように、出穂期以降にもっともよく光を利用することが増収の秘訣です。それには、イネの葉が、ほかのイナ株の葉と入りまじって立体的に水田一面に広がり、たがいちがいにぐあいよく配列され、上の葉がとり逃がした光を次々と下の葉がとりこむ、そんな姿でありたいものです。そのことが葉の分業態勢をよくし、イネにりっぱな米をつくらせることになります。いいかえれば、「立体的に光を利用する！」ということ。

学問的にみて、一〇アール当たり一五〇〇キロどりは可能と話しましたが、その場合には、この立体的な光利用がどこまでうまくいくかにかかっているといってよいでしょう。

粒数をつけすぎた過繁茂のイネは、止葉が「お山の大将おれ一人、あとからくるものつきおとせ」と一人きばっているようなもので、立体的な光利用にはほど遠いことになります。

第十八話

多収をねらうほどに千粒重が重要に

収量の目標を立ててみる

第十三話で収量構成要素のことをお話ししましたが、多収をねらうときの目標をどう考えるか？　一応の目標を、一穂九〇粒において考えてみましょう。

このとき登熟歩合を九〇％にみると、稔ったモミ数は一穂約八〇粒になります。この粒数で千粒重が二三グラムあると、一平方メートル当たり穂数四二〇本で七七〇キロとれることになります。

もし、九〇〇キロを目指すなら、同じ一穂粒数と同じ登熟歩合とした場合、一平方メートル当たり四八五本の穂数をたてればよいことになります。ただしそれは、あくまでもイネを過繁茂にしないこと、いいかえれば無効分げつをできるだけおさえて穂数をたてた場合の本数でなければなりません。

ところで、いまの計算では、千粒重を二三グラムとしました。だから、千粒重が二三グラム以下だとするとこの計算はご破算になります。反対に、この千粒重がふえれば、それだけ収量は多くなることになります。粒数の少ないイネは、出穂後に光の利用がよく、千粒重が高くなる傾向にあるので、二三グラム確保はそう困難なことではありません。

千粒重を大きくする手立て

では、千粒重をより大きくする方法を、別の面からもう一度考えてみましょう。

千粒重の決め手の一つは、モミの大きさ、つまり、デンプンをためる袋を大きくすることが第一条件になります。このモミの大きさは、出穂後になってから決まるものではありません。イネが伸長期に入り、幼穂が発達してくるときの栄養状態によって決まります。

第十七話でお話ししたように、一穂を構成するモミ（穎花）は、穂軸から分枝した一次枝梗に分化し

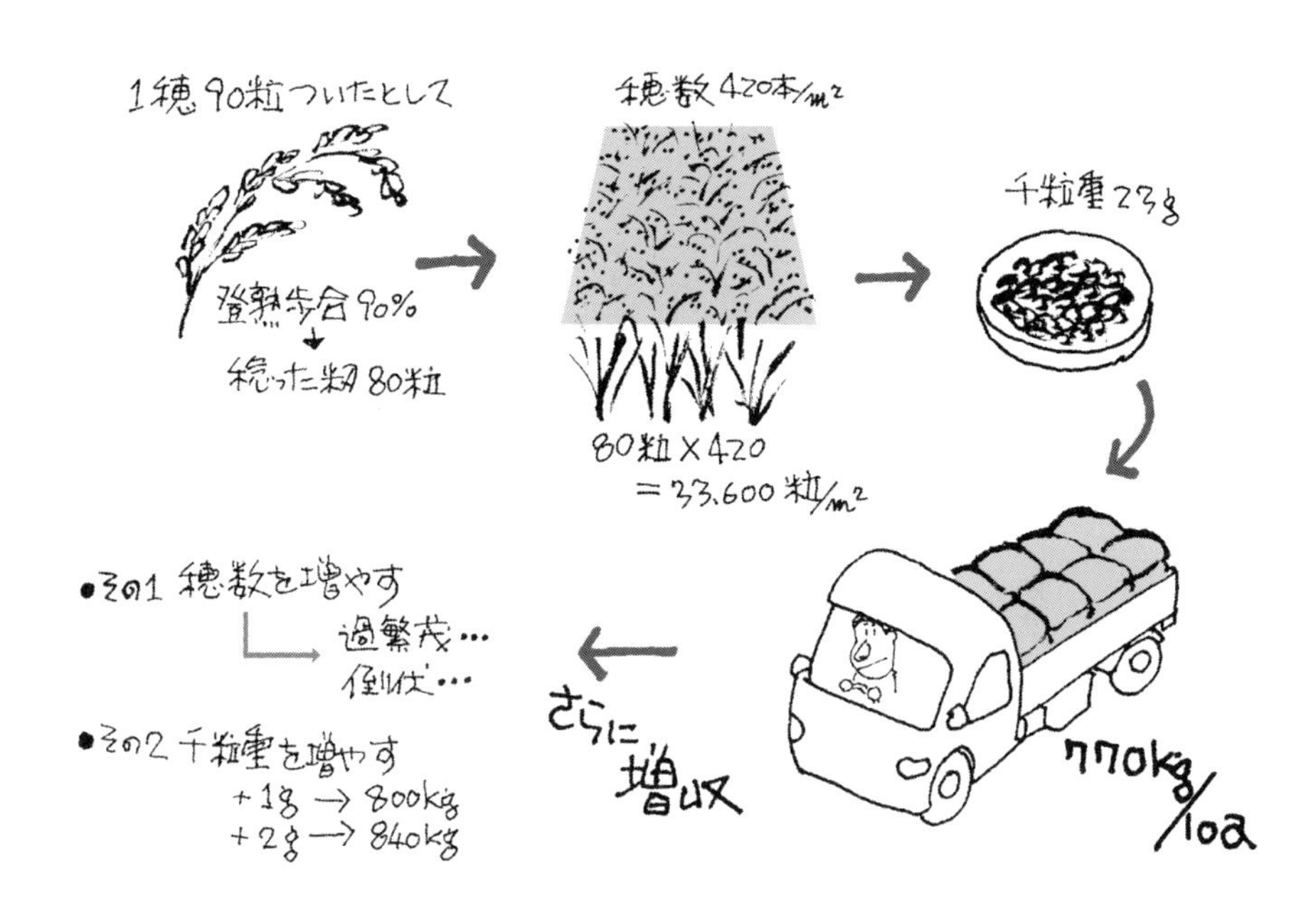

た一次枝梗モミと、一次枝梗からさらに分化した二次枝梗に分化した二次枝梗モミと、二種類のモミから成ります。チッソが多いと、モミの数はふえるのですが、モミの大きさは小さくなります。

これらのモミは、出穂後、枝梗の最先端から下に向かって規則正しく開花、受精したあと、まず一次枝梗のモミが同化デンプンを受け取り、子房の長さ、ついで幅、最後に厚さと規則正しく順序よく、約二週間ぐらいかけて肥大します。この一次枝梗数は茎の維管束数と一致しており、株を構成する各茎が太いほど一次枝梗は多いということになります。

二次枝梗モミの肥大は、一次枝梗モミが肥大生長後に開始されます。したがって、一次枝梗モミのほうが登熟歩合が高く、玄米千粒重も高いのが一般的です。イナ作名人たちが一次枝梗モミの比率を高めようとしますが、まったく理にかなった考え方です。

次に、千粒重が大きくなる要因としては、穂がデンプンを積極的にとりこみ、また、葉がデンプンづくりに精をだすことにあるのはいうまでもありません。次は、千粒重を大きくするのにもう一つ重要な、根のはたらきについて考えてみましょう。

第十九話

根の活力は下葉が支配する

根のはたらきをもう一度考えてみる

根のはたらきは、養水分の吸収と、それを地上部に送りこむことが本命であることはご存知だと思います。しかし、イネの根にはもう一つ大事な役目があることを忘れてはいけません。それは、水田のなかで生育する能力です。この能力は前にも述べたように、根の生活に必要な酸素を茎葉からもらって酸素の少ない田で生きることと、水田に発生する有害物を無害にするはたらきの二つです。

あとのほうの、有害物を無害にする根のはたらきを私たちは「酸化力」と呼んでいますが、この酸化力は根の栄養状態と深い関係があります。とくにチッソ分の多い根が、急激にチッソ欠乏になったりするとこの酸化力は弱くなり、根は有害物に負けて、養水分のとりこみができなくなってしまいます。

根が酸素のない状態の水田で生きる方法には、もう一つあります。それは、浅根性といって、生育にともなって、葉や分げつと同じように次々に新しい根を土壌の浅い位置に出して、有害物に対抗していく方法です。ムギの根のように、わずかな根が下へ下へと伸びて、その根をもとに支根を大きくしているのとはまったく別の生き方をしているのがイネです。

では、イネの根が浅根性で、次々に根を出して、どのように有害物を無害にしているのか、そのしくみについてふれてみることにしましょう。

新しい根と古い根の関係

その前に、葉の生育のところでお話しした、若い新しい葉が、伸びきったその前の古い葉から自分の生長に必要な栄養分をもらって伸びていくという関係を、もう一度思い出してください。次々と茎の節から出てくる根の間にも、同じような関係があるからです。

ふつうは、新しく出てきた根は、古い根よりも養分や水分の吸収が多いと考えがちです。それは正しい。新根はたしかに、養分や水分を吸う力が大きいのですが、次々と新しい根が出てきて、新しい根と古い根が入りまじっている一群の根のなかにあっては、新根の養水分吸収量の割合は案外少ないことを知ってほしいのです。長く伸びて支根も多い古い根は、吸収面積も多く、また活動中心葉のように、養

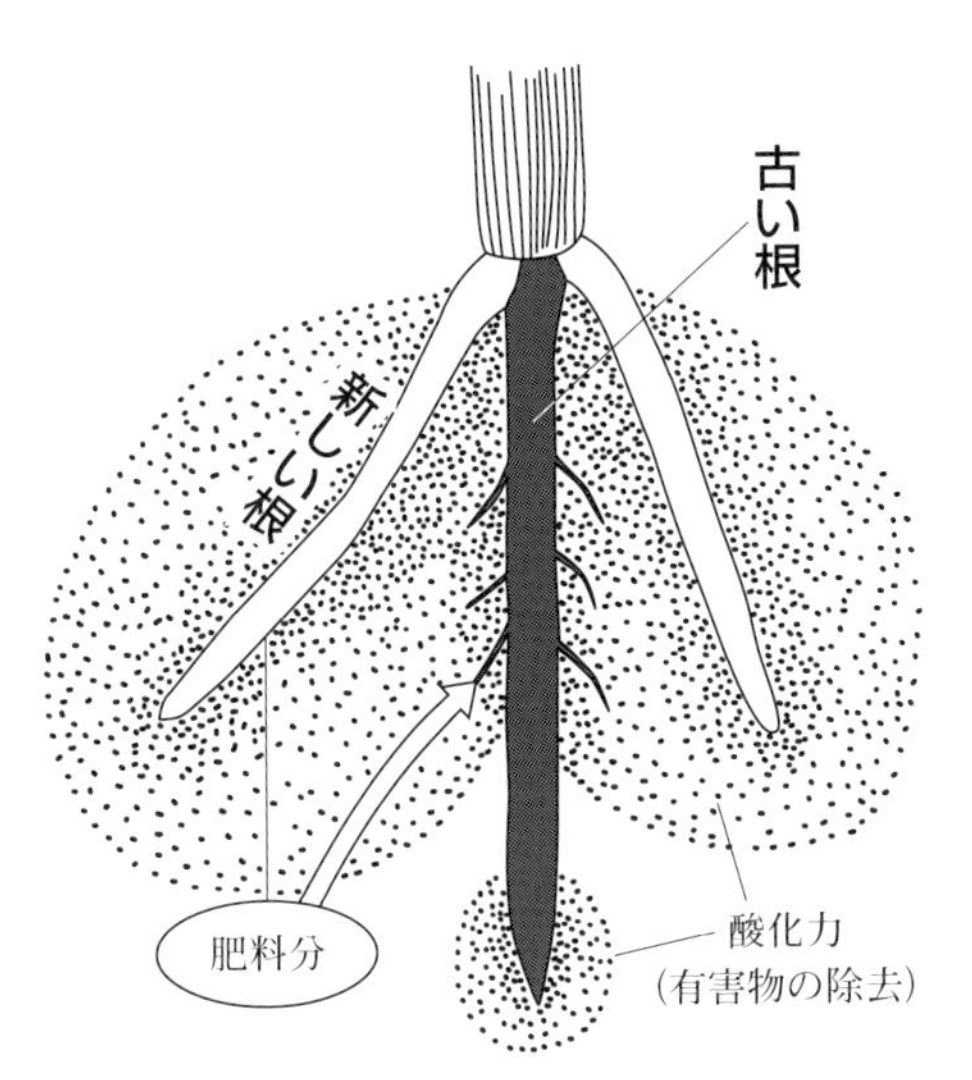

第27図　新しい根と古い根の協同作業による養分吸収と有害物の酸化

水分吸収のエネルギー源になる炭水化物も多いので、古い根のほうが、比較的養水分の吸収量が多いのです。つまり、茎や葉の生育に必要な養分の大半は、この古い根が補給しているのです。

一方、茎の節のなかに蓄積されている栄養分をもらいながら伸長し始めた新しい根は、自分のからだづくりに夢中で、吸ったチッソやリン酸も茎や葉に送りこまず、自分のからだづくりに使ってしまいます。しかし、タンパク質も豊かで活力が強く、有害物を無害にする酸化力は大きい特徴をもっています。

もちろん、古い根も酸化力はあるのですが、その部分は根の先端のほうにかぎられていて、新しい根の酸化力にはおよびません。

つまり、イネの根は、茎や葉に養水分を補給する役割と、根のまわりの有害物を酸化するという二つの大きな使命があるのですが、その二つの仕事を、第27図のように、新しい根と古い根で分けあっていることを理解していただきたかったのです。

新しい根は、養水分吸収という大任を古い根にまかせて、自分は、将来の養分吸収にそなえてからだづくりに専心するのですが、その強力な酸化力で、

古い根の養水分吸収を援護もしています。
しかし、新根の養水分吸収はもともと強いもので、古い根が有害物にやられたり茎や葉の養水分の要求が急に高まったりすると、新しい根は養水分も積極的に吸いだします。この辺は、新しい葉が、ただ古い葉から栄養分をもらって生育していくのとは少し事情が変わります。

この新根と古い根の協同関係は、栄養状態のよいときにはうまくつりあいがとれているのですが、急にチッソが切れてきたり、茎や葉から送られるエネルギー源の炭水化物が途絶えたりするとだめになってしまいます。

浅根性の根の悪戦苦闘

では、浅根性の根のふえ方はどのようになっているのでしょうか。第28図に根数のふえ方を示しました。根数のふえ方は茎数のふえ方とまったく同じで、出穂期までふえて、出穂後には止まってしまいます。重さのほうはどうかというと、これも出穂期で頭打ちになり、出穂後にはかえって減少していきます。つまり、出穂期以降は根の中身がなくなってスカスカの状態になっていきます。

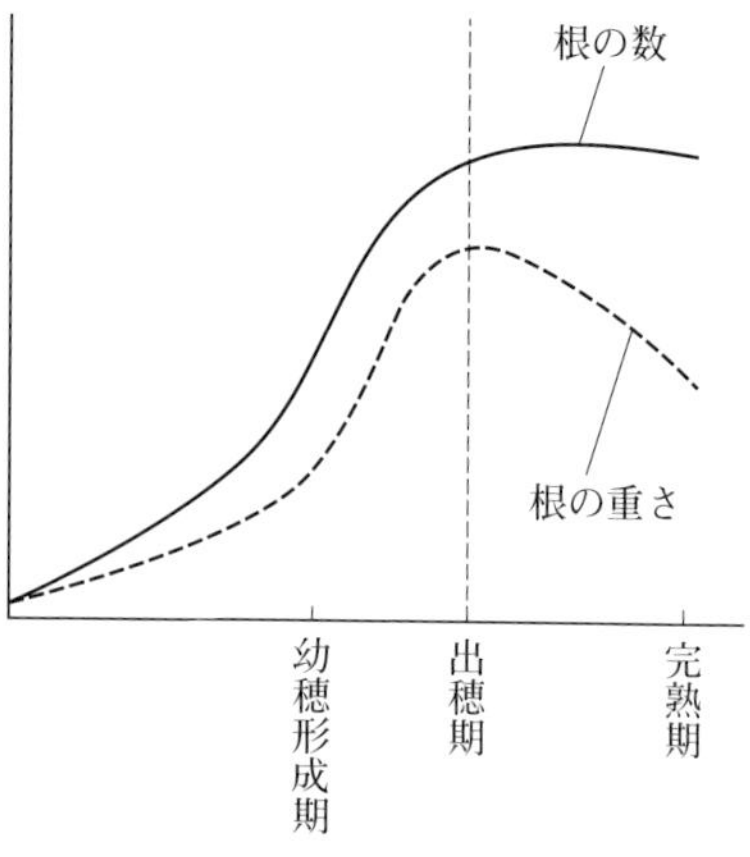

ここで、稈のデンプンの動きを思い出してください。稈にたまったデンプンは、穂が出ると、穂に送りこまれていくことをお話ししました。

それと同じように、出穂期以降は、イネ全体が穂づくりに動員されるために、根の中身も地上部に吸いとられがちになるのです。

もともと、イネの本性としては、主要な養分を出穂期までにとりこみ、それ以降は、からだの中で必要に応じて再利用していく傾向があることを前にお話ししました。だから、どうしても根は、地上部に

第28図　根の数と重さの変化

生活権を奪われがちになるわけです。こうなると新根の数も少なくなり、水田の有害物に対抗する酸化力も弱くなってきます。

水田に有害物が発生して、根がその有害物とたたかわなければならない時期は、水田の地温が高くなり、微生物が活動して還元がひどくなる伸長期ごろ。ちょうどそのころは、ふつうの水田では葉の茂りあいが始まり、下葉から根への炭水化物の補給が途絶えがちになり、根は水田のなかで悪戦苦闘する時期と重なります。根が新しい根を出して、もちまえの酸化力でたたかおうとしても、そのエネルギー源がありません。

これを助けようとして、私たちは、これまで中干しや培土などをこころみてきました。土のなかに酸素を送りこむことで、根の毒物をなんとかとり除いて、根を助けようとしてきたのです。

しかし、もう気がつかれたと思いますが、中干しもよいことにはちがいありませんが、それよりも地上部の過繁茂をさけて、下葉が根に充分なエネルギー源（炭水化物）を送りこむようにしたらどうでしょう？　たしかに、そのほうが健全です。

地上部の環境を整備しておかないで、根のまわりにだけ注意しても、エネルギー源の少ない根は、毒物とのたたかいに疲れ、ようやく危機を脱して出穂期を迎えても、もはや役にたたない根になってしまっていることが多いのです。

根の元気を最後まで保つ水管理

イナ作名人が開発した「飽水管理」という水管理の方法があります。この水管理は、出穂の四〇日前ころから、足あとに水が残るていどの水かげんにし、そのままつづけていく水管理です。それから、少しずつ追肥していく。つまり根の酸化力を、根と、茎や葉の環境の両方から高めるように工夫されています。こうしておくと、根の活力は出穂後も衰えることがなく、下葉から充分に養分をもらい、葉の光合成に必要なチッソ、リン酸、カリや水分を地上に送りこんで、千粒重を高めていくことになるのです。

ここでもう一度理解してほしいことは、いま話してきたように、昔のイネつくりというものはもともと無効分げつを計算に入れたやり方で、出穂期までに吸わせるだけ養分を蓄積させておいて、出穂後になったら、からだのなかの養分の組みかえでいこうという方式でした。そのかぎりでは、根は悪戦苦闘しながらも、とにかく出穂期まではたらいてくれればよいわけで、出穂後はお役目ご苦労ということになります。

しかし、美味しいお米を多収しようとするには、それではまずい。初期の生育は過繁茂にしないよう、見劣りのするくらいに育てていかなければなりません。考えようによっては生育初期の光をむだにしているわけですが、そのかわり、出穂期からは大いにがんばってもらい、それまで茎に蓄積したデンプンに加えて新たに稼ぎ出してもらおうというわけです。だから、当然のことながら、根に期待するところがちがってくるのです。

（撮影：倉持正実）

もっとも、過繁茂のイネでも、チッソを切らさないようにして、出穂後もおいこんで根の酸化力を高めたらどうだろうかと思うかもしれません。しかし、水田の悪条件とたたかい、疲れ果てた根は、いくらチッソをもらっても消化不良をおこし、ますますだめになり、倒伏するのが関の山でしょう。

コンバインなどで収穫するようになって、「地耐力」という言葉が注目されるようになりました。重くて大きな機械が能率よく仕事できるように、早めに水を切って土を固め、「地耐力」を高めるわけです。しかし、登熟に頑張るイネにとっては迷惑な話です。イナ作名人は、「最後まで根と葉が生きていれば、水を吸い上げて葉から蒸散するから土も乾く」と言います。裏返せば、このことは、イネが最後まで光合成に頑張っている結果であることは、もうおわかりですね。

第五章

美味しくて健康な、多収イネつくりへの誘い

ここまで、米の限界収量を思い描きながら（第一章）、イネとはどんな作物なのか？　水田という水のある環境で栽培されるイネと環境との関係（第二章）、イネの養分吸収と、からだのなかでの養分の動きと親子関係、根・茎・葉・穂の連係プレー（第三章）、そして、お米をつくりだす光エネルギーの合理的なつかまえ方と生かし方（第四章）を通してお話ししてきました。

さていよいよ最終章です。これまでの話をふまえて、美味しくて健康な多収イネつくりのイメージと、手の打ち方を明らかにしていくことにしましょう。

第二十話

はじめチョロチョロ、後半勝負の施肥作戦

田植え後一〇日間だけの施肥で、命をまっとうしたイネの教え

こんな実験があります。移植から一〇日間だけチッソを吸収させ、その後は、稔るまで完全にチッソは切って、無チッソ状態で育てた実験です。もちろん水耕ですから、地力などはないし、水に含まれているチッソ分も抜いてしまったわけですから、どこからもチッソは補給されていません。

もっとも、この実験が行なわれたのは成苗を手植えしていた時代ですから、田植え機で葉数の少ない苗を植えるいまとはちがいますが、私たちに多くのことを考えさせてくれます。

さてその結果ですが、不思議なことに、イネは最後まで生きていました。もちろんからだは小さく、葉の数も少なかったのですが、元気に育ち、穂には四〇粒のモミがつき、一粒のむだもなく完全に稔っていました。しかも粒張りがいい。

さらに不思議なことは、移植後一〇日間に吸収したチッソの量と、収穫後にイネのからだに含まれていた全チッソ量とがほとんど一致したのです。最初に吸収されたチッソは、途中、少しのむだもなく利用され、最後まで使いつくされたわけで、イネは最初のチッソを、なんとかやりくりして大切に使っていたのです。

それに比べて、分げつ期に充分チッソを効かせて「青田六石」状態になり、幼穂分化期や穂ばらみ期からチッソを切ったものは、出穂後になって葉はどんどん枯れ上がり、稔実も非常に悪い結果がでています。施したチッソの量は先の実験のイネよりはるかに多いのに、これはいったい何を意味しているのでしょうか。

移植後一〇日でのチッソ中断といえば、まだ分げつが始まったばかりのころで、からだづくりはこれ

からというときにチッソを切ってしまったことになります。したがって、その後のからだづくりには、一〇日間に吸ったわずかなチッソでやりくりし、その態勢で最後までもっていったことになります。チッソの吸収は完全にないのでイネはけちんぼうになり、むだづかいはしないで、子孫だけは残そうというけなげな生活態度ですごしたことになります。

つまり、ここで学びとれることは、からだづくりのときには、ぜいたくにチッソを使うよりも、最低のチッソ量でからだづくりをしたほうが、後半の活力維持が非常によいということです。

前半の多肥は
イネの吸収力を低下させる

前半多肥栽培にした場合、その肥料（とくにチッソ肥料）が後半までもつかどうか。この論議はたいへんむずかしいのですが、実際に施されたチッソが多すぎて青田づくりになり、その結果、イネの態勢が悪くなり、かりに、土にチッソ分があっても、イネのほうで吸収できないことになります。この場合は、チッソがあっても吸えないということなので、ないのと同じ結果になってしまいます。

つまり、後半まで効かせようと思って多肥すればするほど、後半のチッソ利用は逆に少なくなるという関係がおこってしまいます。実際、イネに吸収されたチッソ分を厳密に調べてみると、前の年に施されたものが吸収されていることもあるくらいですから、チッソをうまく利用させるためには、土にどのくらい保持させられるかというよりも、イネ自体の吸収能力を考えるべきでしょう。

前半小型で態勢もよく、地上部も地下部も健全に育てた場合は、後半になっても吸収能力が高いので、土のなかにあるわずかなチッソも利用することができるし、かりに、土のなかにチッソ分が不足するようなら、追肥によって補給すればよいわけで、後半、秋まさりに追い上げることができます。

反面、青田づくりのイネは、後半スタミナがないので、土にあるチッソ分も吸えません。ましてや、追肥などやっても、葉が伸びすぎたり倒れてしまったりして、逆効果になるのがおちです。

チッソを多く吸収させるには元肥少肥が原則

生育後半の追肥の効果をあげるには、元肥は少ないほうがよい。多くすると、途中過繁茂が原因となって後半の吸収能力が低下することもありますが、この過繁茂がかりになかったと考えても、元肥のチッソ量の少ないほうが、穂肥の効果は高くなります。

なぜかというと、イネのからだのなかでの養分の再配分のし方が変わってくるからです。元肥を多く入れると、吸収された養分は、最初の葉から次の葉へと次々と再配分されていきます。したがって最初からチッソが多いと、引きつがれていくチッソも多くなり、穂肥をやっても、すでにそのときは再配分によってからだには充分に養分が確保されていて、効きめを現わさないというわけです。こんな条件のところに与えられた穂肥は、目的とする穂に役だたないで、稈長を伸ばして徒長するようなことになってしまいます。

このように、ある意味で潤沢な養分が次々とうけつがれてきた場合には、施された追肥も光合成能力を高める方向に使われずに、葉を大きくする方向にはたらき、出穂ごろのイネの受光態勢が非常に悪くなってしまうのです。

元肥少肥でスタートしたイネは、再配分される養分は必ずしも多くはありませんが、つねに過剰になることがなく、態勢もよく、デンプンの蓄積もよいために、後半の追肥はからだの容積を大きくする方向にははたらかずに、葉の光合成能力を高めるために使われていきます。葉が伸びるということがありませんから受光態勢もよく、日光が充分あたり、光合成はますます盛んになるといったぐあいです。

元肥のチッソ肥料が多いということは、このようにあとあとまで生育を乱していきます。ずばり一言でいえば、チッソ肥料を多く吸収させるためには、元肥は少ないほうがよい、ということです。

かりに収量目標を七五〇キロ（五石）においたとすれば、七五〇キロとるのに必要なチッソを吸収させないと、それだけの米はとれません。しかし、七五〇キロ分のチッソを最初に与えたらどうなるでしょう。そんなことをしたら最初から思いきり吸収して、過繁茂はさけられません。

そこで、過繁茂にならない理想的な態勢にもっていくためには、元肥は少なくして、後半重点の施肥方法にならざるをえません。その点、収量目標を四五〇キロ（三石）以下に設定している場合には、全部元肥に施して少々過繁茂になったとしても、まあまあ四五〇キロぐらいはいけるでしょう。

しかし、収量を六〇〇キロ（四石）に引きあげようとして、その分だけチッソを多くしてそれを一度に元肥に施したとすると、過繁茂の矛盾がさらに激化して、収量は四五〇キロ以下になってしまうこともあります。

したがって、元肥の目標は、必要とする分げつを確保するていどの量にし、あとは後半の追肥にもっていくことが原則です。かりに六〇〇キロを目標にしたとき必要な茎数は一六本、七五〇キロのときは二〇本とすれば、そのちがいが元肥の量のちがいになるだけです。

分げつに必要なチッソはほんのわずかでよい

田植え直後のからだの小さいころのイネは、肥料分を吸収するためには、あるていど濃度が高くないと吸うことができません。根の表面積が少ないので、水田全層に肥料分がたくさんあるというだけでは、充分に吸収することができないのです。だから、そのころのイネは、根のある付近の肥料分の濃度が必要で、そこで表層に施肥する技術が生まれてきました。

したがって、元肥をやるという意味をどこにおくかによってやり方もずいぶん変わってきます。

元肥を全層に施して脱チッ（チッソが空中に逃げる）をおさえるのはよいとしても、元肥をいつ効かせようと考えるのかが問題です。

イネのチッソの吸収のカーブをみても本格的に吸収するのは分げつ期以後であって、分げつがでるために必要なチッソなどは、ほんのわずかな量で間にあいます。

長期間肥効が持続する肥効調節型一発肥料や、かつて青森県で行なわれていた、固形肥料を深層に入れて出穂以降まで効かせようとする深層追肥の場合は、肥料の性質やら施す深さによっては可能でしょうが、ふつうの肥料を用いた全層施肥では、後期まで効かせることはできません。

後半は追肥でおいこむ

一定の分げつを確保し、栄養生長を止め、さらにすすんで受光態勢が確立したあとの肥料というものは、絶対に不足させてはいけません。もちろん、態勢のよいイネは根も健全ですから、与えた肥料は充分吸収する能力をもっています。肥切れにならぬように肥料を与えなければなりません。

しかし、イネを過繁茂にしてしまい、葉も根も不健全な状態では、肥料として与えたものは態勢をくずす方向にはたらくだけでプラスにはなりません。こういう状態では追肥の肥効は現われませんし、むりして施しても葉が伸びてしまったり倒伏に結びつくなどの危険がともなって、やり方も非常にむずかしいのがふつうです。

分げつが止まったからといっても、葉を出す仕事がまだ残っています。たとえば、一二葉になったとき止葉がつくられるとすると、一三葉から上葉の一五葉はイネのからだのなかに入っています。この葉を育てながら、しかも一方では分げつをさせないようにもっていくわけで、このとき、肥料が効いているようでは分げつは止まりません。この場合は、根の活力によって栄養を支えていくようにしないといけません。肥料に期待しなければならないようでは、それ以前のイネの態勢が悪いということです。

その後、止葉が出始めるようになれば、安心して追肥をやることができます。ただし、これも受光態勢がよい場合であって、葉が茂りすぎて内部が日陰になっているようだと、光不足と肥料の効きめとが重なって、イネは徒長し始めます。いつの場合もそうですが、受光態勢が悪いと、与えた肥料はつねにマイナスに効いてしまいます。だから、肥料を充分に効かせるためには、どうしても受光態勢をよくしておかないといけません。

晩期追肥をやっても効果のでないのは、イネの態勢が悪いからです。

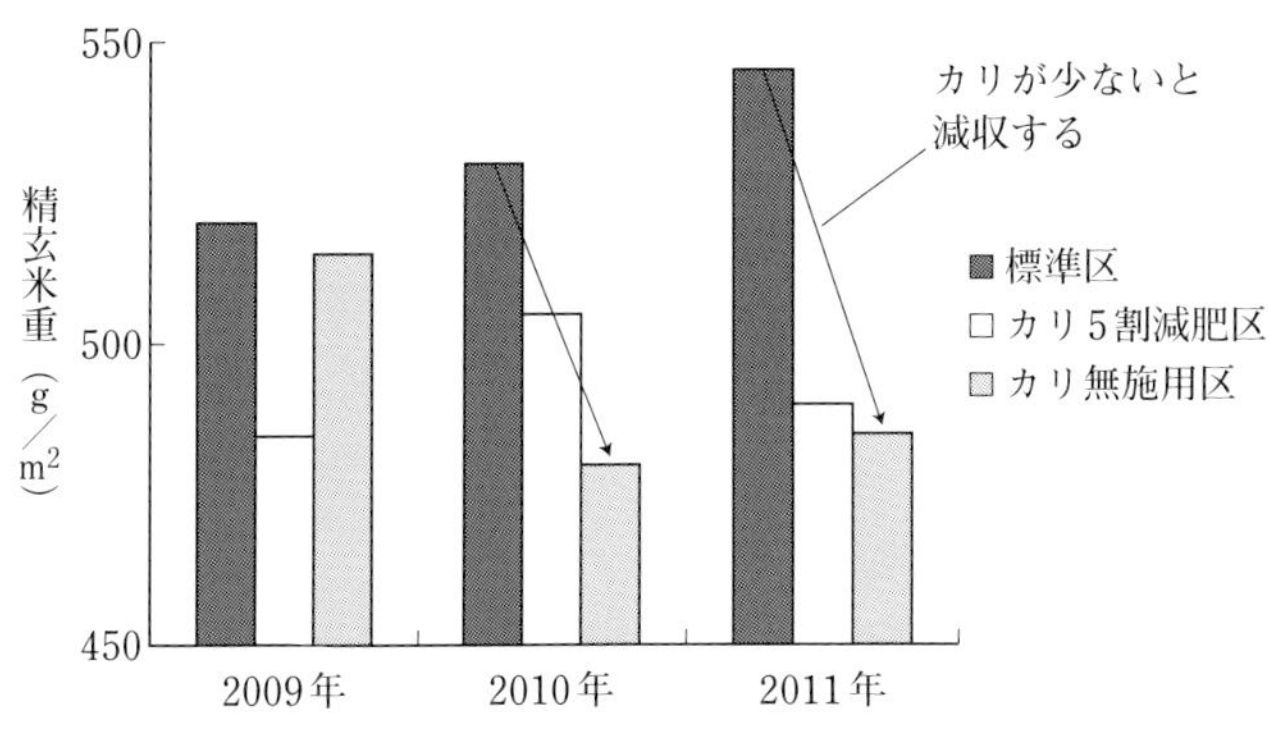

第29図　カリが不足すると減収する
リン酸、カリが土壌改良目標値を下まわる水田での減肥の影響
出典：富山県農林水産総合技術センター 農業研究所、2011、一部改変

チッソ以外の養分の考え方

カリは、絶対吸収量からいったら、チッソと同じていどに必要な養分です。しかし、いままでは不足ということもなく、直接それが減収の原因になったことも少ない養分でもあります。しかし近年、カリ不足によって、収量、登熟歩合、粒張りなどへの影響があるという報告がなされています（第29図）。その背景には、カリ含有量の少ない一発型肥料が使われるようになったこと、堆肥の施用量が減っていることがあるようです。

出穂後に力を入れるようなつくり方になると、カリが直接の制限因子になってくる可能性があります。カリはチッソと関係が深く、チッソを多く吸収するときは、カリの吸収がおさえられるので、積極的に与えていかないといけないからです。出穂後の同化能力を高め、炭水化物の移動を助けるために、カリ肥料の重要さを見直す必要がでてきています。

第二十一話

栽植密度を考える

栽植密度を決める基本

さて、苗づくりは終わった、施肥の方針も決まった、そこでこんどは、株数や植え方など、苗をどう植えようかと頭をいためることになります。しかし、これまでのイネつくりではどう植えても、あまり収量に変わりはない。めんどうだから去年と同じにしよう……しかし、そのくりかえしでは進歩がありません。

イネの収量は、どのていど有効に光利用ができたかによって決まることは、これまで何回もお話ししてきました。いかに降り注ぐ光を逃さずに同化してデンプンに変えていくかにかかっているわけですから、出穂後に株間の地面に光がさんさんとあたっているようでは、多収は望めません。そこで、単位面積に何株くらい植えるのか、一株に何本くらい植えるのか悩むことになります。

極端な疎植で、出穂後も株間がスカスカしているようでは明らかに光利用は悪く、収量は落ちます。反対に株間を密にして、最初から光利用を高めるように植えると、一定以上になるとたがいに交差して日陰をつくってしまい、光利用はそれ以上はあがらなくなってきます。

ではどう考えればいいのでしょう?

栽植密度とイネの生育を研究してきた宮城教育大学の本田強先生は、栽植密度には二つの側面があると指摘しています。ひとつは、条間と株間の距離を変えることによって、単位面積当たりの植え込み株数を変化させること。もう一つは、植え込み株数はそのままに、一株の植付け本数を変えること。

前者は、株当たりの地上部の空間容量を変えることで、その大小は、株当たりの光を受ける量の多少を示す指標となります。それだけでなく、炭酸ガスの供給やイネのからだの生育に影響を与える気温や湿度なども変化させます。また、一株当たりの地下部土壌容積が変わることによって、各種の養分や水分の供給にかかわってきます。

後者の植付け本数は、地上部の株当たり空間容量や地下部土壌容積を変えることなく栽植密度を変える方法です。

実際には、栽植密度にかかわるこの二つの側面を組み合わせて田植えを行なうわけですが、その水田が置かれている環境、たとえば北海道と九州などの気候のちがい、同じ地域でも標高差によるちがい、水田の地力、栽培している面積規模や経営の在り方などから考えることになります。

いずれにせよ、その基本は、出穂期以降に、光を受けるための最高の葉の状態にすること。個体としてのイネの最高の状態を、水田という群落環境でどう実現するかにあります。

「最終収量一定の法則」は本当か?

「最終収量一定の法則」という言葉を聞いたことはありませんか? これは、栽植密度の増加にともなって面積当たりの全乾物収量(根も含む)はしだいに増加し、ある密度に達すると、全乾物収量はそれ以上に密度を高めても一定となり、それ以上は増加しないという考え方で、大阪市立大学吉良龍夫先生によって提示(一九五三〈昭和二十八〉年)された考え方です。その後、イネのように子実(米)をとる作物でも成り立つことが話題となりました。

これまでお話ししてきたように、密植されたイネは、たくさんの仲間といっしょになって、共存共栄していくために、仲間がふえればふえるほど自分のからだを小さくして、自分の要求を少なくします。分げつを出さなくなり、穂の数を減らし、穂の大きさを小さくする……しかし、植え株数がある限度を超えると、もう分げつは出なくなり、主茎一本になってしまいます。イネはどんな環境でも、一つの穂だけは確保したいという執念をもっているからです。

つまり、この「収量一定の法則」に基づいた密植イネつくりの考え方は、限りなく主茎主体のイネつくりとなってしまいます。

実際、この「最終収量一定の法則」については、いろいろな疑問と問題点が提示されています。たとえば、天候がきわめて良好な高温多照な年に、初期生育が旺盛すぎて過繁茂状態にあり、栽植密度が高いものほど倒伏の兆しが現われた。また、いもち病が激発してしまった。反対に日照不足の年には、密度が高いものほど収量が低下した、といったようなものです。

「収量一定の法則」に基づいた密植イネつくりは、実験的には成立しても、米つくりの現場では、茎数が足りないとみればチッソなどを追肥したり、逆に多すぎるとみれば深水管理で茎数を抑制したりします。それが、イネつくりです。

からだづくりから穂づくりへのスムーズ転換

ここまで、出穂期以降に、光を受けるための最高の葉の状態にすることが大切だと話してきました。それを別の言葉に置き換えると、「からだづくりから穂づくりへ、スムーズに体質転換させる」ということでもあります。

第一話で見てもらった、イネの一生の図を思い出してください。最高分げつから穂が出るまでに、茎数が減っていました。減った分が無効分げつと呼ばれています。本当なら、分げつの数が最高になったところで穂が出てくれれば、無効分げつを出すことなく、栄養生長から生殖生長にスムーズに生育転換できているということになります。

昨今のイネつくりは過繁茂が問題だ、と指摘してきました。それは、最高分げつ期が幼穂形成期（出穂二五日前あたり）の前に来てしまうということです。この最高分げつ期から幼穂形成期までの時間差はラグ期*と呼ばれていますが、この期間をいかに短くして、栄養生長から生殖生長にスムーズに体質転換させるかが課題となっています。

疎植をめぐる考え方

田植え機で人手に頼らず密植できるようになって、穂数不足で米がとれなかった寒冷地や山間の冷や水がかりの田んぼでも、米の収量は大きく伸びました。しかし一方で、過繁茂による害が問題になってきたことは、これまでお話ししてきたとおりです。

田植え機イナ作では、縦六〇センチメートル×横三〇センチの育苗箱に種を播いて苗を育てます。播種量は、稚苗植えで一六〇グラム、中苗植えで一二〇グラム、成苗植えで三〇〜四〇グラムが標準

＊ラグ（lag）期：最高分げつ期から幼穂形成期までの生育停滞期のこと。暖地では古くから問題になっていたが、田植え機が普及して密植されるようになった現在では、全国でイナ作の課題とされている。

です。稚苗植えの場合、一〇アール当たり二〇箱以上使って植えていますから、一平方メートル当たり二二株植え（坪七二株）として、一株には少なくとも七本前後の苗が植え込まれている勘定になります。

手植えの時代は一株二～三本植えですから、機械植えになってから、植え込み本数は約三倍。苗は小さいですが、もし七本の苗がそれぞれ三本の分げつを出したとしたら一株は二八本、四本出すと三五本もの茎が立つことになります。植え込み株数もふえましたから、第十話でお話ししたように分げつが規則正しく発生すると、穂が出るはるか前に過繁茂になることは容易に想像できます。

疎植のイネ
上：出穂40日前
下：1株

そこで生まれてきたのが「疎植栽培」です。

過繁茂をさけるために植え込み株数を減らし、一平方メートル当たり一五株以下、一株の植え込み本数を三本ていどとし、初期生育をおさえて、出穂時期に最高の葉面積を確保しようとするわけです。植え込み株数が少ないため、田植え後のスムーズな生育を目指して、稚苗よりは中苗、成苗と、いわゆる健苗が推奨されています。

写真は、出穂四〇日前の疎植イネの姿です。この段階からさらに五枚ほどの葉を伸ばして出穂となるので、出穂期にはうね間が葉でふさがった最高の状態で登熟期間を迎えることになります。

現在では、疎植用の田植え機も各社から販売されています。植え込み株数が少なくなりますから必要な箱数も減り、コストダウンにもなるというわけです。

なお、近年、疎植することによって、イネがいもち病に強くなるということもわかってきました。詳しくは105ページをご覧ください。

密播・密苗の新技術は？

「密播・密苗」とは、一枚の育苗箱に三〇〇グラムもの多量の種を播き、田植え機で小さくかき取って植える、最近話題の技術です。

超厚播き苗なので、徒長して貧弱な育ちになりがちですが、苗踏みや換気などによって、可能なかぎり腰の低い苗を目指します。田植え機の爪で小さくかき取って植えるため、一箱で倍以上の株数を植えることができます。したがって、一〇アール当たり必要な育苗箱の枚数は大幅に減り、一〇枚以下。大幅なコストダウンになります。

ただ、苗が貧弱になりがちなので、多収を目指すというより、育苗や田植えの省力に比重があるのでしょう。

第二十一話では、栽植密度をめぐって光環境を中心に話してきましたが、実際には各種養分の供給や風通し、株内の温度や湿度、さらには光合成を支える炭酸ガスの流れにも変化をもたらします。また、草丈や茎の太さ、葉の長さや厚さ、葉の立ちぐあいなど、イネの姿にも影響します。

植え込み株数や植え込み本数だけでなく、条間や株間を工夫したり（ひと口メモ参照）、苗質を工夫したりと、栽植密度の決め方には、その人のイネつくりの考え方が色濃く反映します。栽植密度をめぐってもっと自由に発想してみると、地域性や土壌条件、経営をも考慮した栽培が可能になるはずです。

ひと口メモ

並木植え・千鳥植えの妙味

並木植えや千鳥植えは、同じ植え込み株数でありながら、イネ個体に対する光環境を変えようとして篤農家たちが考案した方法で、並木植えは、正方植えから株間を狭める方法、千鳥植えは、並木植えの隣の条を千鳥に植える方法。

このように植えることによって、ふつうは受光態勢が光合成の制限因子になる幼穂形成期以降も、広いうね幅のために光は下葉まであたりやすくなり、根が健全に保たれて養分吸収も高く維持されることになる。

❹

疎植によるいもち病抑制のしくみ

栽植密度とイネの生育の関係を研究してきた宮城教育大学の本田強先生は、昭和四十年代、良食味米のコシヒカリ・ササニシキ全盛時代から、栽植密度を変えると、いもち病の出方にちがいがあることを幾度となく経験していた。最近、その科学的根拠が、奈良先端科学技術大学院大学の島本巧教授らの研究で明らかになったという。

その研究報告とは——

植物に病原菌が感染したとき、植物は体内から活性酸素をだして防御するが、その際、活性酸素の発生を直接制御するタンパク質を世界ではじめて発見し、「Os Rac1」（オーエスラック1）と名づけた。さらに島本教授らは、このタンパク質が他の植物免疫タンパク質と結合した複合体「Defensome」を見つけ、病原菌を迎え撃つ自然免疫反応を活発にしていることも突き止めた、というものである。

その報告から、本田先生は次のように考えた。

①疎植条件は、草冠内の光環境を密植条件と比較して良好に保つことで、各茎・葉身が形態的にも頑丈に育つことに加えて、温度や湿度、さらには風通しなどが好適に維持されることから、イネ自体を侵すいもち菌の増殖が抑制され、その結果としていもち病の発生が抑制される。

②疎植条件は、免疫タンパク質と結合した複合体をつくり、自然免疫能力を高める。その結果、病斑数の減少、さらには小型の止まり型病斑にとどめるなど、イネ側の生理・生化学的側面を通して、いもち病発生を軽減または抑制している可能性がある。

表は、これまでの研究をもとに本田先生がまとめた栽植密度とその効果である。

栽植密度とその効果－疎植条件の効用　（本田、2009）

低い ←	栽植密度 （栽植密度の高低によって下記の性格が変わる）	→ 高い
高い ←	自己複製能力（分げつ能） （分げつ数、穂数、茎の太さ、主（稈）葉数の増・減、穂の大きさ、葉の厚さ、根の張り方）	→ 低い
高い ←	免疫機能 （病気、虫に対する抵抗性—耐病性，耐虫性）	→ 低い
高い ←	自己癒傷能力 （風や雨などによるダメージに対する回復能力—耐倒伏性）	→ 低い

第二十二話

水は生育調整の最大の武器

初期生育をおさえて中身を充実

肥料の使い方で、初期生育をおさえながら分げつを確保する大切さはおわかりいただけたと思います。ところで、前半の生育をみすぼらしい小型のイネに育て、後半は充分な葉面積をもった秋まさりのイネにしたてるうえで忘れてならないのが、水によるコントロールです。

肥料が充分にあって、しかも水も豊富に与えたら、イネはいくらでも伸びていきます。これを水で適当に制限してやることが重要で、そうすることで葉緑素も多い、デンプンの蓄積も多いじっくりしたイネができあがります。

デンプンが蓄積されても、イネのからだは大きくなりません。いってみれば、みすぼらしい小型のイネとはこういうイネをいうのであって、デンプンがなかったりチッソがなかったりしているわけではありません。つまり、からだに応じた、充実した内容をもっているイネのことです。

生育をおさえるということは、けっしてチッソやデンプンを欠乏させることではありません。中身を豊かにしながら、草出来をおさえることなのです。

伸ばす水管理　おさえる水管理

イネが伸びる条件には、光と温度、食物、つまりチッソやその他の養分のほかに、水が直接関係してきます。そのうちで私たちが調節しやすいのは、養分と水。チッソがなければいくら水をやっても伸びないし、逆の場合も同じ。ところが、チッソが効いている条件で水が充分あれば、イネはどんどん伸びていきます。

イネの伸長と水の関係を、さらに一歩つっこんで考えてみると、たいへんにむずかしくなってきます。たとえば、たっぷり湛水した場合と、ヒタヒタ水に

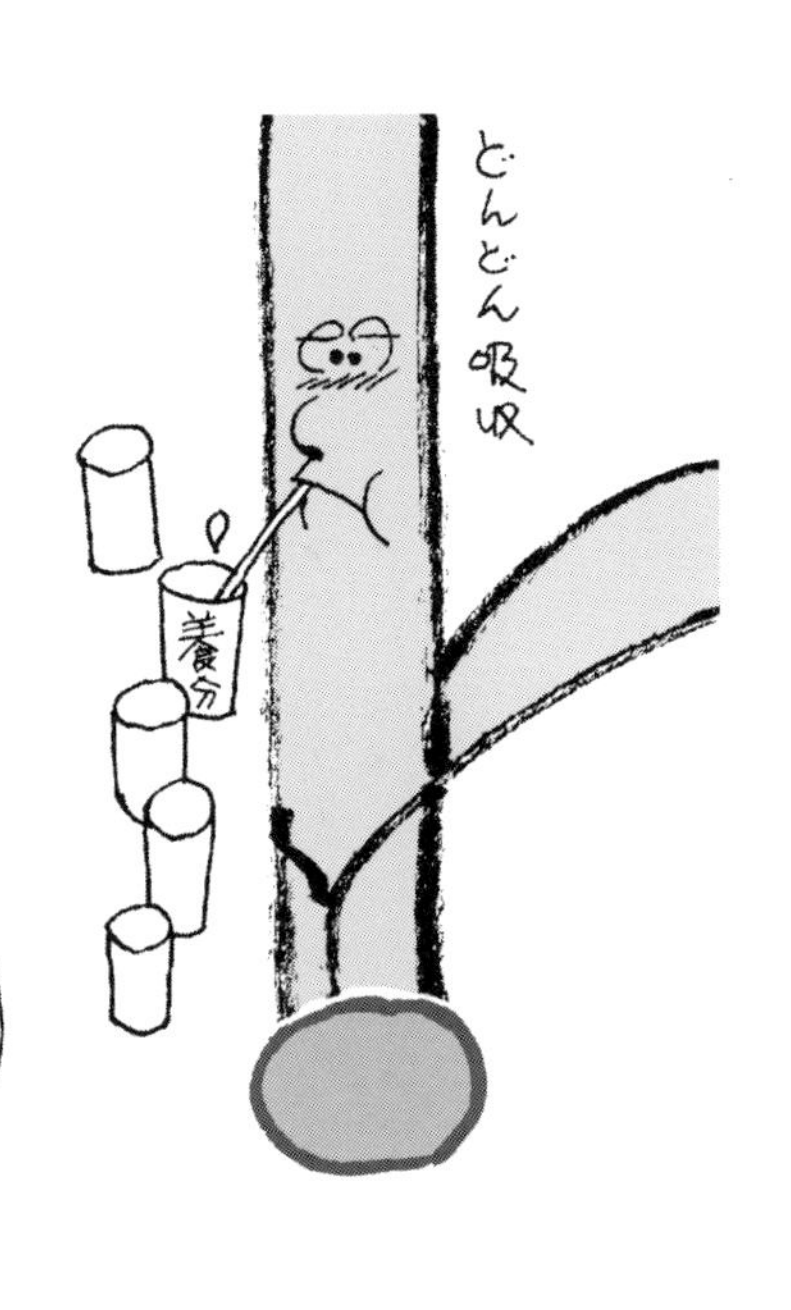

した場合ではどうかなど、その生育に対する影響にはいろいろちがいが出てくるからです。水分の関係からいうと、深水でも浅水でもイネに対しては充分なはず。では、深水にするとなぜ伸びるか？　ここまで読みすすめてこられた方なら、そこには、温度と光と生長ホルモンの関係があることを思い出されたことでしょう（第七話）。

イネの伸長は一種の生長ホルモンの作用によるわけで、このような生長ホルモンは、光にあうとこわされ、暗くなると活動を始めます。ふつう、曇天の日は伸び、充分に光があるときは生育がおさえられます。

イネは、あるていど積極的に伸長しなければなりません。それでなければ水田で育つ意味がありません。しかし伸びすぎも困るわけで、あるていど伸長させながら、しかも、からだにデンプンが蓄積するような、栄養補給と水環境が必要になるわけです。

デンプン蓄積イネはマイペースで養分を吸う

水をたくさん吸収すれば、それにしたがって養分もたくさん吸収するのか？　これはイネによってちがいます。茎にデンプン蓄積を多くしているイネは、水の吸収とあまり関係なく、自分のペースで養分を吸収します。しかし、デンプン蓄積の少ないイネは、水の吸収が盛んになれば、養分の吸収も促進される傾向があります。だから、同じように水があり、水の吸収が盛んであっても、デンプン蓄積の多いイネは、自分の態勢をくずすような吸収はしないのに、蓄積の少ないイネのほうは、どんどん吸って、徒長したり、過繁茂になったりするわけです。

したがって、イネが肥料に敏感に反応するか、イネ独自の足どりですすむかは、デンプン蓄積の多いイネに育てるかどうかにかかっています。また、そういうイネに育てておけば、少しぐらいの環境の変化があっても、受光態勢をくずさずに生育することになります。

イネが伸びるということには、水、養分のほかに、光、温度などが関係します。温度の低いときは、保温のために深水にしても低温が伸びをおさえているため、深水にしたからといって伸びすぎることはありません。しかし、保温の必要がなくなってからも深水にしておくことは、伸長を促進することになります。温度と水管理は、その点を頭に入れて考える必要があります。

だから、光不足の曇天で、養分が充分あり、温度も高く、しかも深水ということになったら、イネはどんどん伸びてしまいます。

アピカルドミナンシー現象

イネが伸びるということと、分げつするということを温度の関係でみると、逆の関係になります。冷害のような気象条件のときには、伸びは止まり、分げつが多くなる、といった現象がおこります。逆にイネがどんどん伸びるようなときは、分げつはあまりしなくなってきます。

これをむずかしい言葉でいうと「アピカルドミナンシー」という現象で、片方が優先しているときには、もう一方は抑制物質を出しておさえてしまう関係をいいます。ですから、イネがぐんぐん伸びているときに、上のほうの葉を切ってしまえば、分げつが盛んになってきます。少なくとも、親茎がぐんぐん伸びる条件は、一方で分げつを出さない条件をもっているということです。早く出た分げつを育てて、あとから出てこようとする分げつをおさえるというカラクリについては、この関係からもおわかりになると思います。

それでは、むりをして分げつをおさえた場合はそれでよいかというと、これもまずい。おさえられた分は、地上の伸びを助長し、伸びすぎることになるからです。この矛盾をどのように解決するかが水管理の問題です。つまり、伸びる原因を、水によっておさえていく必要がでてくるからです。

伸びそうなときは湛水をやめて、茎に光をあてて生長ホルモンをおさえるのです。そのことがまた生長に必要な水を制限することになり、イネは徒長せず、からだがかたくなります。これが根本です。しかしこれが行きすぎると、生長はおさえられるが、その結果が分げつにはねかえって、分げつがふえてくることになります。

一方をおさえると、一方がはねかえってくる。伸びすぎないよう中身を充実させながら、両方のかねあいをうまくすすめていかなければならず、手ごころの加え方がむずかしいわけです。

活着時代は深水で

田植えして活着するまでの水の管理は、当然深水にしなければなりません。田植え後、一日も早く活着させ自立させるためには、葉や茎からの水分蒸散を少なくすることと、つまり水面から出ている部分を少なくすることと、深水によって茎からも水を吸わせることが必要だからです。

とにかく、植えられたばかりの苗は根を切られ、生け花のような状態です。それを保護するために、私たちは最大の努力をしなければいけません。この努力をおろそかにすると、分げつの芽をつぶすことになり、あとあとまで苦労することになります。

第二十三話

中干しの目的はまちがっている

イネつくりの重要な技術として中干しという作業があります。その目的の一つには、水を落とすことによってチッソを逃がして、不必要な分げつを抑制しようというねらいがあり、もう一つは、土のなかに充分に酸素を補給して根腐れを防ぎ、根を健全にしようというねらいです。しかし、これは実状にあいません。

中干しでチッソを逃がす?

まず、中干しでチッソを逃がすという考え方からみてみましょう。この考えは、土の有機物の分解によって出てくるアンモニアや、土の表面についているアンモニア態のチッソを、中干しで畑状態にすることによって硝酸態チッソに変えたうえで、水を入れて流し出す、そういう理屈です。しかし、もしこの理屈を信じているとしたら、たいへんおかしな話です。

アンモニアが硝酸に変わるということは、そんな簡単なものではありません。中干していどの日数で硝酸になったとしても、それはしれたものです。かりに、硝酸に変えようとすれば、水田を荒起こしして何日も天日にさらす、そのくらいの畑状態にしないとできないわけで、そんなことをしたら、アンモニアが硝酸になる前にイネのほうがまいってしまいます。だから、チッソを硝酸にして逃がすということはまちがいだし、そういう考え方で中干しを考えるとしたら、逆に悪い結果にしかならないことになります。

中干しを完全に行ない、土に小ひびができるようになると、たしかに土のなかに酸素が入ります。すると、根が喜ぶばかりでなく、酸素を好む微生物もふえてきます。この微生物は、酸素呼吸によって生活する元気のよいものですから、中干しによって勢いを得て、水田のなかの有機物を盛んに分解して、アンモニア態のチッソをつくります。しかし、そのアンモニア態のチッソが硝酸態のチッソにならないうちに水が入るので、水田のなかは中干し前よりもかえって肥料分がふえてしまいます。硫安の追肥と同じで、チッソを逃がすどころか、かえってふやしてしまう結果になってしまうのです。

（撮影：倉持正実）

中干しで根腐れを防ぐ？

中干しにはもう一つの理由として、土のなかに酸素を補給し、根腐れを積極的に防ぐという理由があります。これも場合によってはおかしな話になるので注意が必要です。

いま話したように、中干しすることによって酸素を好む微生物が増殖します。そこに水が入ったらどんな状態になるか想像がつくと思います。

水が入ると、ふたたび酸素不足になります。しかも、そのなり方が速い。中干し前とちがって、酸素の消費が、酸素呼吸の微生物がふえたことによって一時的にひどくなり、すぐ中干し前の状態にもどってしまいます。根は喜んだのもつかの間、水が入ることによる急激な還元の進行で、かえってまいってしまうことが多いのです。これもまた危険な話です。

五日から一週間、小ひびが入るていどに干すということは、いままで水田状態だったものが、急に畑状態になることです。短期間ではありますが、このようなところで育てられたイネの根は、あるていど畑で育ったときのような性格をもってきます。そん

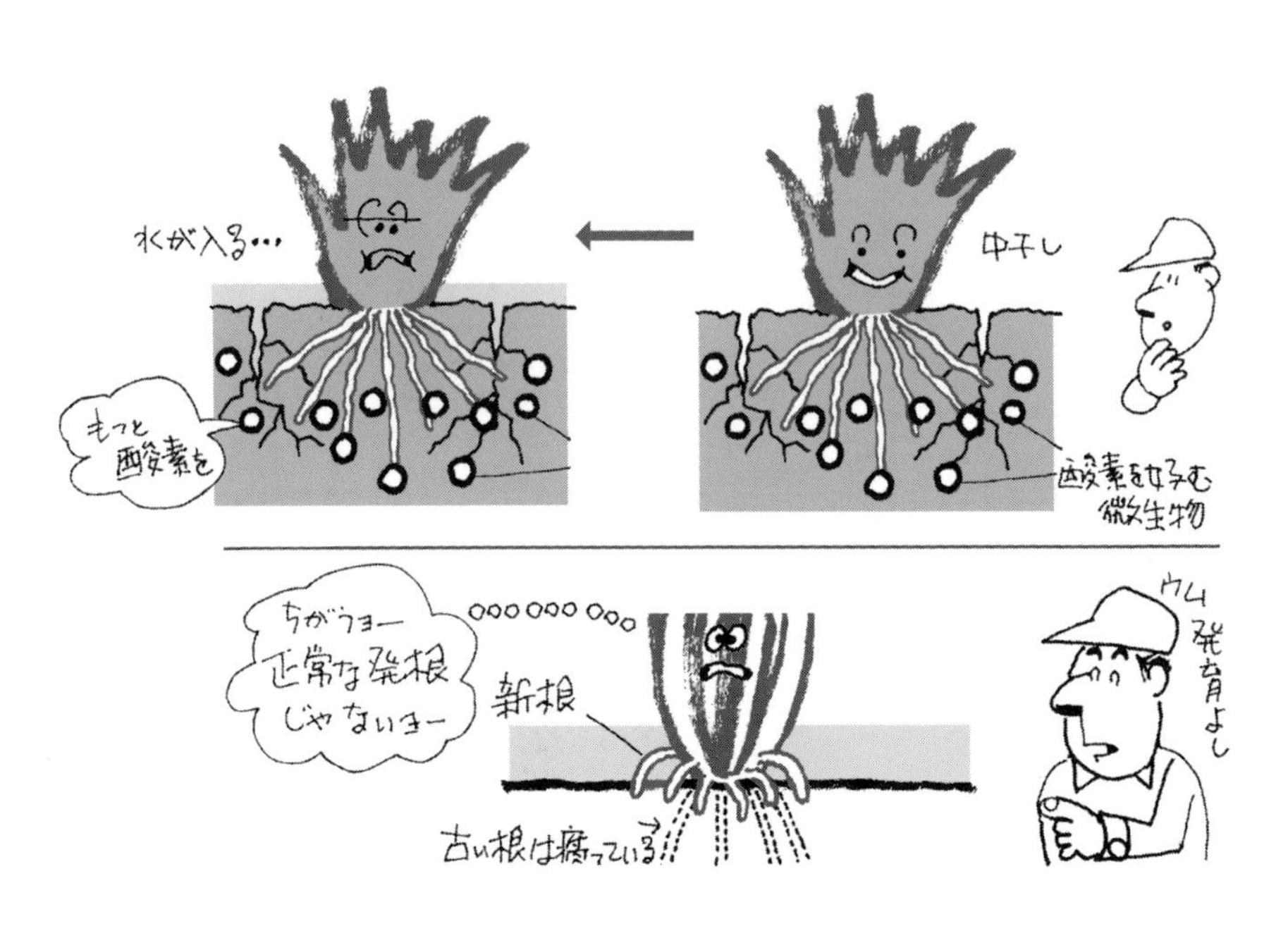

なところに、また水が入ってくるのですから、根は生理的に変調をおこし、硫化水素などの毒物に対する抵抗力がなくなり、根腐れをおこしやすくもなります。

中干し後の白い根多発の意味は？

また、中干しをやったあと水を入れたとき、白い根が地上にふきだすように出るのを見たという経験をお持ちの方は多いと思います。それを見て、中干しによって根の発育がよくなったと思われたのではないでしょうか？　しかし、この現象は別の原因によることがあるので、手放しで喜ぶわけにはいきません。

なぜ地表部分に新根が急に出てくるかを考えてみましょう。

一つには、中干しによって畑状態になるために、水分不足によって、水が豊富な状態でいたときに比べて、全体の生育がおさえられることが引き金になります。こうなると、同化作用によって合成された炭水化物にゆとりができて、株ぎわの茎（節間）に蓄積されるために、水さえあればいつでも根は伸びだす状態になっています。そういう状態になったところに水が入ると、いっせいに地ぎわの部分から新根が発生するというわけです。

もう一つの理由は、中干しによって古い根が腐るために、イネはそれを補おうとして新しい根をたくさん出すとも考えられます。いずれにしても、正常な発根でないことはまちがいありません。

こうしてみると、中干しは根を健全にすることにも役だたないし、チッソを流すことにも役だたない。いや、むしろ害のほうが多いくらいですから、そんな中干しはやらないほうがよいことになります。

もっとも、牧草の裏作あとなどで、田植え後、一時的に有害ガスの発生がひどく、苗がすぽすぽ田から抜き取れるような特別な場合には、有害物を酸化して無害にするために、中干しはたいへん役にたちます。しかし、この場合も、根に酸素をやるというより、有害物を除く効果のほうが大きいと思われます。秋落ち田で、悪い硫化水素を中干しによってとり除くのも同じことです。

極端な例をもとにして、それをふつうの水田にあてはめようとするととんでもないことになる、という いい例です。

基本は根の酸化力強化作戦

では、根腐れをおこさないようにするにはどうしたらよいのでしょうか。

それには、イネに対して余計なおせっかいをしないで、イネが本来もっている酸化力を強めて、酸素不足の土のなかでも活力を保ちながら生きぬいていくようにすることです。

根の酸化力を強くするには、地上部とくに下葉の活力を高めて、そこでつくった炭水化物をどんどん根に送りこむことです。そのためには、チッソ過多、過繁茂で、下葉に日光のあたらないようなつくり方をしていてはいけません。また、第二十話でお話ししたように、肥もちの悪い水田で元肥をたくさんやり、はじめのうち勢いよく茂り、その後、養分の補給が切れて栄養失調になると、根の酸化力は弱ってしまいます。急激な栄養失調は、はなはだ危険です。

根に充分に炭水化物が送られるようになれば、根はそれをエネルギー源として、イネのからだのなかを通って送られてきた酸素を使って、根のまわりを自分の力で酸化していきます。そうなれば、硫化水素が少々あっても、土のなかが極度に酸素不足になっていても、毒物を無毒にしながらりっぱに根の機能を発揮することができるのです。

まわりくどいようですが、このように、イネの本性を伸ばしてやりながら悪条件を切り抜けることのほうが、イネのためになることをわかってもらえたらと思います。中干しをすることで、イネの生育のリズムを乱すことも多いのです。

したがって、中干しが話題になるころの水管理は、チッソを逃がすことや、畑状態にして酸素を送りこもうとするよりも、土のなかの毒物をとり除くという意味で、水の交換をするていどに心がけるべきでしょう。そういう目的での水管理が大切です。

つまり、水が地下に抜けたら、新鮮な水を入れてやるといった方法（間断かん水）や、排水の悪いところではかけ流しによって、古い水と交換するなどの方法のほうがよほどイネのためになります。

おもしろいことに、水の入れかえのたびに少しずつチッソが土からでてきて、適当にイネの生育を調節するのでなおさら都合がいいです。

この時期に根が衰弱に向かうか、あるいは酸化力を高め活力を維持できるかは、後半のイネの態勢に大きく影響し、第十四話でお話しした「青田六石米二石」の分かれ道でもあります。それだけに、中干しをもう一度考えなおさなければ、七五〇キロ（五石）への道は遠いといえるでしょう。

第二十四話

出穂後の手の打ち方

出穂後の光利用率を高める新しいイネつくりは、出穂後の根の健康管理が大切であるとお話ししました。では、出穂後はいったいどんな管理をしたらよいのでしょう。

苗代づくりや本田のイネつくりは、出穂後の受光態勢を頭に描いてつくればよいのですが、出穂後ともなると、穂数も粒数も決まり、肝心の受光態勢が決まったあとで考えることになります。つまり、出穂期までのイネつくりに失敗があればどうにもなりません。出穂後の管理は、それまでのイネの姿によって決まってしまうからです。

「花水」の本当の意味

出穂期の「花水」といわれるように、出穂期にはたくさんの水がいるといわれています。これはどんな意味をもっているのでしょう。

ふつう、水の問題をとりあげるとき、イネはいつの時期にどのくらい水を必要とするかを調べ、多く要求するときは水が豊富に必要だ、というぐあいに決められてきました。しかし、これは、実験の方法によってまちまちで、どれが正しいのか何ともいえないようです。

それでは、後半のイネの生理と水の問題を考える場合、どういう観点でみたらよいのでしょう。後半のイネは光合成が最良の状態でなければならないわけですから、光合成を盛んにすることを前提にした水管理が必要になります。

出穂期以降の光合成を支配している条件に、葉の水分量があります。これがうまく確保されないので、出穂後の光合成の維持がむずかしいという実験結果があります。また、葉が上に向かってピンと立ち受光態勢をよくすることが大切だと話してきましたが、そのためには、体内に水分が充分に保持されることが必要です。つまり、水分張力によって態勢が維持

されるわけで、このような理由からも、水分は重要な役割をはたしていることがわかります。

それでは、水田に水をたくさん入れておけばそれですむかというと、そう簡単な話ではありません。重要なのは、水分の保持力です。

かりに、水田に水が充分にあったとしても、根の活力が衰えていて、やっと出穂期までたどりついたような根では、水分の吸収も活発に行なわれません。こんなイネでは、水があってもイネ自体は吸えません。しかも葉からの水分蒸散はそのまま行なわれるために、体内の水分は不足気味になってしまいます。

また根は元気であっても、水分蒸散の盛んなイネに育った場合も結果は同じです。

このように、水分を吸収することと、蒸散によって出ていくことの両面によって、水分の保持力が決まるわけです。

大切なのは葉の水分保持力

ここで問題になるのは、葉の水分保持力をどうしたら強めることができるかということ。保持力を強めるには、生き生きと生活していることが重要な意味をもっています。葉が疲れてきて、栄養分もとりこめない状態になると、水分吸収も衰えて、水分は不足気味になります。つまり、栄養分も豊かにして、葉に元気を与えないと水分吸収も強くなりません。いいかえれば、この時期の水分保持力を高めるには、栄養的によいからだをつくってやることです。

こうしてみてくると、秋落ちになったような栄養状態の悪いイネにいくら水をたくさん与えても、葉がピンとするように保持力を高めてやることはできないことがおわかりでしょう。だから、水を与えるということと、葉の水分張力を高める関係は、根の活力、体内の栄養状態を抜きにして考えられないわけです。

このように、出穂後のイネに水は豊富に必要なわけですが、水分そのものを考えてみると、ヒタヒタ水であっても充分で、出穂期の「花水」などといって湛水することはないはずです。田の水が飽和状態になったら、あとは水深を一〇センチにしようが二〇センチにしようが、根のまわりの水量に変わりはありません。

その意味でむしろ、この時期の水（花水）は、地表部分の微気象を変え、それによってよい環境をつくりだすことが利点なのかもしれません。

近年、地球温暖化の影響でしょうか、高温登熟障害による品質や収量の低下が大きな問題となっています。登熟期間に最高気温三五度以上を記録したり、夜間も三〇度以上がつづいたりして、玄米が白く濁る被害が頻発するようになってきました（詳しくは122ページカコミ⑤参照）。

対策として、水管理による穂温低下の効果が報告されています。たとえば、出穂後二〇日間のかけ流し灌がいで水温・地温が低下して胴割れ粒が約一〇％減少した（第30図）、夜間のかけ流し灌がいによって地温が低下して乳白粒発生軽減効果があった、落水時期を遅らせることで登熟後半の穂の温度低下に貢献している可能性がある、といったことが報告されています。

水による温度調整をどう考えるか

出穂後は、地上部は葉が一面におおい、外の環境を遮断しています。だから、イネのからだの大部分や地表部分の温度環境は、水温に支配されることになります。

この点は、かなりはっきりしていて、出穂後の水温で株内の温度をコントロールできることは証明ずみです（第31図）。ただし、どんな温度にしたらよいかは、まだまだ課題が残されています。

ふつう、頭に浮かぶことは、出穂のときに高温では、光合成量よりも呼吸量が高まり、消耗が多く登熟が悪くなるのではないかという点です。しかし、登熟のところでお話ししたように、穂にデンプンが送りこまれるには、葉はもちろんのこと、炭水化物を送りこむパイプの葉鞘も、稈も、枝梗はもちろん穂自身も呼吸をして、生き生きしていなければなりません。

呼吸が盛んになるには、温度があるていど高いほ

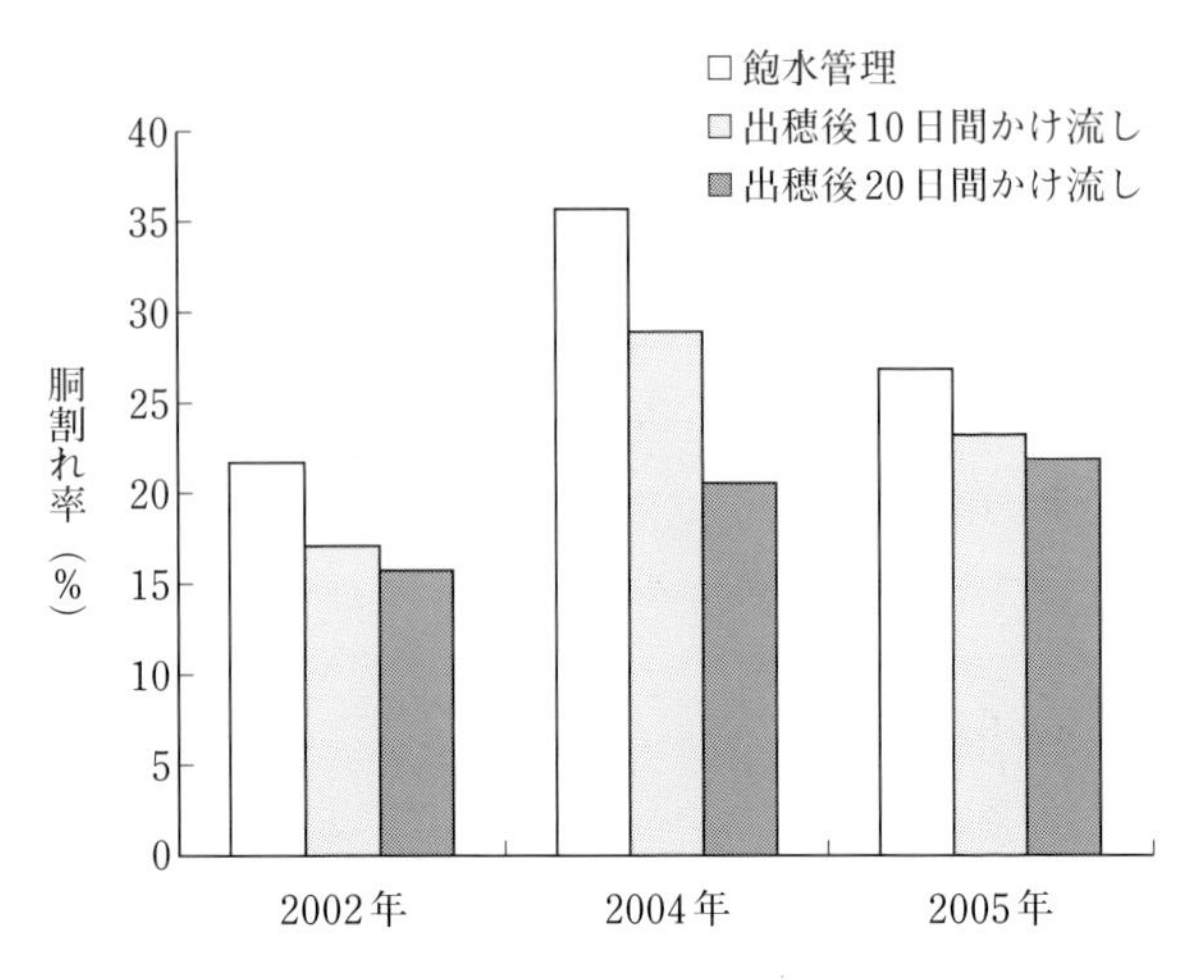

第30図　登熟初期のかけ流し灌がいによる、胴割れ粒の発生防止効果（長田、2007）

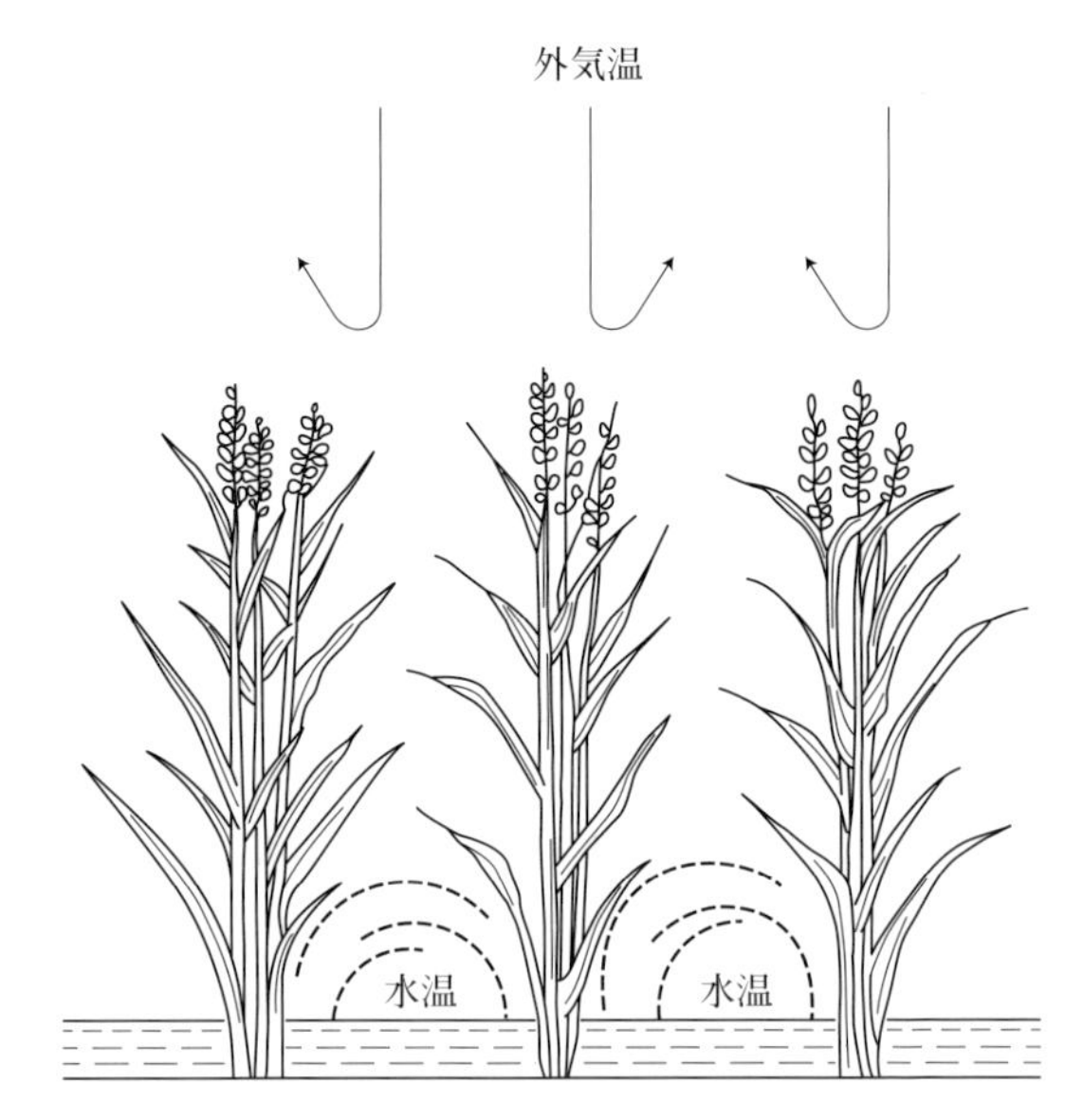

第31図　出穂後の株元の気温は水温で調節できる

うがよいことがわかっています。事実、二五度までは温度が高いほど登熟がよいという実験結果も報告されています。

では夜温はどうか？　夜は光合成をしないで、呼吸だけですから、夜温が高いとこれは問題になります。古い報告でも、夜温が高いと登熟が悪いという報告がずい分あります。しかし、夜、イネはただ呼吸しているだけでなく、その呼吸で得たエネルギーを使って、昼間つくった炭水化物を穂に送っています。だから、夜温は案外高いほうがよさそうです。

しかし、出穂後一七日たつと、夜温は高くないほうがよいともいわれています。

ただし、やはりチッソ栄養のよいイネのほうは一七日以降高温でもそれほど登熟に影響を受けなかったと報告されています。

根腐れをおこさない管理

この時期のイネの根は、苦しい夏をやっと乗りきって疲れ果て、根の酸化力も極度に衰えてきています。また出穂期以後は、全精力が穂に集中されるので、根も葉も穂に従属化し、根に対する養分補給も少なくなります。つまり、根は生理的に根腐れをおこしやすい状態になっているのです。地温が上がれば、どうしても土のなかが還元状態になって、有害物が出てきます。これが問題です。

水温を高めて登熟をよくしようとすると、根はかえってまいってしまう。そうすれば、光合成に必要な水分や養分の補給が円滑にならず、登熟はかえって悪くなってしまいます。

だから、むしろ出穂期には、水を張らずに、中干しと同じように、有害物をとり除くつもりで、たびたび水をかえたほうが無難でもあり、根を元気づけるので賢明でしょう。つまり、古い水と新しい水をたびたび交換するような気持ちで水管理をしたらよいのです。事実、水を張った水田の根よりも、湛水しない、飽和ていどの水田の根のほうが健全で長生きしている例があります。

昔は、止葉が出たら、ヒエ抜き以外は水田に入るなといわれていました。それで、うっかりして、出穂時に必要な水がなかったりしたこともあったのかもしれません。昔のことですから、ひょっとしたらお祭りなどに安心してでかけるためにも、たっぷり水をかけていたのかもしれません。

出穂期以後は、根腐れなど問題にならないと思っている人が多いようですが、むしろ真夏のころよりも根腐れをおこしやすいくらいなので注意しなければなりません。

土のなかで活躍している微生物は、土のなかの有機物を食物にして生活していますが、このころになると食物もだんだん不足するので、イネの根を食いものにして繁殖をつづける輩(やから)が出てきます。もちろん、根が活力のある場合はそんなことにならないのですが、極度に衰弱してくると自活力を失い、からだのほかの器官に養分をとられてしまうばかりでなく、養分を外にはきだすようになります。こうなると、完全に微生物とのたたかいに破れたことになり、急速に根腐れをおこします。

昔は、後期のイネの根は、あまり元気にさせるとでき遅れになったり、根に養分がいってしまって登熟が悪くなるなどといわれたものですが、それは本当に昔むかしの話です。

落水期を機械的に決めないで

落水期については、出穂後二〇日たったら落水するのだというように、機械的に決めることも問題があります。従来のような秋落ち型のイネつくりだとそれで充分かもしれませんが、秋まさり型のイネつくりで、出穂後の受光態勢がよく、葉も生き生きしているようなときに二〇日後に落水したのでは、養分の動きがストップして、登熟にマイナスの影響を与えます。

一般に落水を遅らせると、熟期が遅れて青米がでたりして登熟が悪くなります。それに、刈取り作業がやりにくくなるなどといわれてきましたが、刈取り作業のことを別にすれば、落水期が遅れるから登熟が遅れるということはないはずです。

ヒコバエがたくさん出るようでは失格!

刈り取ったあとに、切株からヒコバエがたくさん出ることがあります。これは、刈取り後の気候のぐあいにもよりますが、出る場合でも、よい水田と悪い水田とではその出方がちがいます。どうしても、悪い水田の切株のほうがヒコバエがたくさん出ます。湿田とか、冷害などにあった田んぼのイネには、非常にたくさんのヒコバエが発生します。

これは、明らかに食い残しの養分が切株に残っていたせいで、体内に蓄積されたものが完全に穂に移行しなかった証拠です。

光合成によってつくった養分を体内に残さず完全に穂に送りこむためには、一つには枝梗がいつまでも青々と元気に活動していなければなりません。枝梗が黄色く枯れてしまったのでは、水分が充分あっても、体内の養分を穂に移行させることはできません。

極端に秋期低温の場合は、枝梗が青々としていても、低温のために生活機能が停止してしまって登熟をよくすることにはなりませんが、ふつうの場合は、枝梗が青味をおびて生きていることは、葉でつくられた炭水化物が穂に送られることになって、それだけ光利用の効率が高くなります。つまり、最後の最後まで稔らせようとするならば、この枝梗という移行パイプを、いつまでも生かして長持ちさせる必要があります。もちろん、穂は生きていて、デンプンづくりにはげんでいなければなりません。したがって、刈取り直前まで水分を切らさないようにもっていく考えも、受光態勢のよい、おいこみのきくイネには必要になります。

昔のイナ作名人の一人Kさんは、出穂後、枝梗の色が青々としているうち、つまり生きているうちは、一週間おきくらいに、尿素を一回に成分にして一キロくらい追肥しつづけていました。もちろんそのときは、飽水状態（91ページ参照）にして肥料を吸収しやすくし、一方で根を健全に保つために、けっして水を張ることはしませんでした。

Kさんほど多量のチッソが必要かどうかは疑問ですが、葉に最後まで元気にはたらいてもらうことが大切であることはまちがいありません。

Kさんが施した尿素も、土に吸着しにくいために水が抜けるときにいっしょに逃げて、結果的に適当量のチッソを少しずつイネが吸って、最後までがんばっているのではないかという気がします。

どちらにしても、出穂後の根を元気づけ、必要な水分と養分を確保するためには、少々肥料がむだになっても上手なつくり方といえます。

⑤ 高温登熟障害の原因と対策

近年、全国的に問題となっているのが、登熟期が暑すぎて発生する高温登熟障害。出穂後二〇日間の平均気温が二六〜二七度を超したときに多発する白未熟粒や、粒張り低下による収量の目減り、さらには米の食味の低下があげられている。

イネがへばっている!

写真は、高温登熟障害を受けた玄米の外観と断面。白く見える部分が、デンプンが詰まりきれずに白濁した障害だ。

登熟期の高温が障害の引き金ではあるものの、その対策を考えると、登熟期間中に光合成で稼いだデンプン、それまでにからだにためこんでいたデンプンと、穂への移動が深くかかわっている。

原因の一つは、チッソ不足によるイネの活力低下。一般に玄米タンパク質が多いと食味が落ちるため、近年、玄米タンパク質を減らすために穂肥を減らす傾向がつづいてきた。しかし、穂肥を減らしすぎると高温障害が激しくなり、とくに背白粒や基白粒(写真中央と右)がふえる。これは、チッソ不足によってイネがへばり、充分な光合成ができずに、モミに送るデンプンが不足したからだ。

ただ、もし乳白粒(写真の左)がたくさんあるようなら、逆に穂肥が多すぎる可能性がある。モミ数がふえすぎて、モミ同士で、茎葉から玄米に送られてくるデンプンの奪い合いがおきたと考えられるからだ。

毎年自分の田んぼでとれた米を見て白濁の位置を確認しておくと、翌年のイネつくりで穂肥をふやすべきか否かの目安が得られることになる。

もう一つは、収穫前の早期落水。水分不足になると光合成が低下することは述べたが、穂へのデンプン転流にも悪い影響をおよぼす。

落水が遅いと土が軟らかくて収穫作業がやりにくいという声もあるが、最後まで元気なイネは根から土中の水分を吸い上げてくれる。できるだけ遅くまで水は入れておきたい。

玄米へのデンプン蓄積には順番がある。図のように、①胚乳中心部→②胚乳周辺部→③腹側→④背側→⑤基部の順にデンプンが詰まっていく。どの部分に白濁が見られるかで、高温による障害を受けた時期が推測できる。

ジワジワ穂肥で株元デンプン貯金をふやす

最近、肥料の与え方で興味深いことがわかってきた。穂肥の時期にチッソ肥料を少しずつ継続的に与えると、出穂期のイネの株元に蓄積されているデンプンがふえるというのだ。このデンプンは、登熟期が日照不足など不良環境条件になったとき、穂へ転流して米へのデンプン蓄積に使われる、いわば貯金のようなものだ。

堆肥投入などによる地力のアップが、高温登熟障害の軽減に効果があることも同じ理由と考えられる。

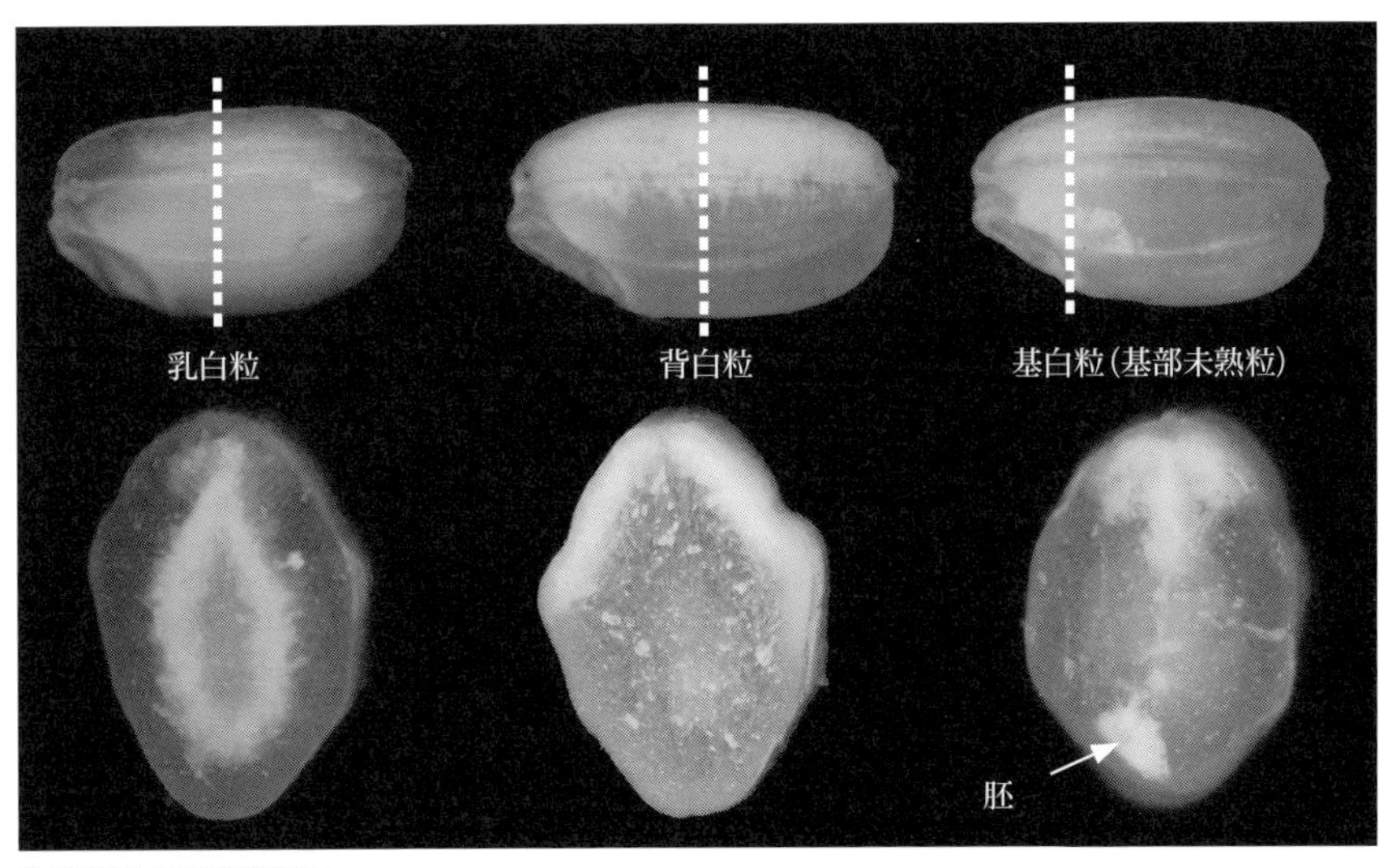

白未熟粒の玄米横断面

（撮影：森田 敏『イネの高温障害と対策』より）

左から、乳白粒、背白粒、基部未熟粒。基部未熟粒の左側の白濁部は、胚の切断面

→ 登熟初期の転流経路
⇨ 登熟中後期の転流経路

①すでにデンプンが合成・蓄積した部分

②デンプン合成・蓄積中の部分

③これからデンプンが合成・蓄積する部分

胚乳

腹面

胚

通導組織（背部維管束）

同化産物の胚乳内への転流経路とデンプン合成順序

（出典：森田 敏『イネの高温障害と対策』より。星川、1975を改変）

坪五〇～六〇株の疎植が最適

栽植密度については、富山県農業技術センターが次のことを明らかにしている。まず疎植にすると葉色が濃くなり、背白・基白の発生がおさえられる。ただし疎植にしすぎると穂が大きくなりすぎ、乳白粒が増加してしまう。

白未熟粒を減らすために適正な栽植密度は、一平方メートル当たり一六～一八株と報告されている。

（『イネの高温障害と対策』（森田敏著）などを参考に農文協で編集）

あとがき

この本をつくるきっかけとなったのは、編集部にかかってきたSさん（農家）からの一本の電話でした。

「定年で田舎にもどって、五〇アールばかりのイネをつくって四年になるんだが、どうもおもしろくねえ。作業のやり方の資料はもらったのでイネはつくれるんだが、近所もみんな同じ作り方で、とれた年もとれなかった年も、周りの人とはお天気のことくらいしか話がはずまない。イネつくりを教えてもらおうとしても、年寄りはいないし……。あと何回イネつくりができるかわからんから、何かイネがおもしろくなる本はないかね」

このとき浮かんだのが、いまから半世紀以上前に書かれた、『イネの生理と栽培』（岡島秀夫著、一九六五年発行、絶版）という本でした。当時東北大学でイネの栄養生理を研究していた著者は、多収をあげていたすぐれた農家を訪ね、イネをどうとらえ、その性質をどうコントロールしながら多収をめざしたのかを聞きだし、その農家のイネを科学的に分析しながら、イネの生理生態、栄養生理、そして光合成理論をもとにイネつくりのすじみちをまとめていきました。増収に燃えていた農家の人たちの気持ちにふれたこの本は、瞬く間にベストセラーとなりました。

本書は、その本をもとにして、その後に開発されたさまざまな栽培技術や研究成果を取りこみながら、イネつくりをおもしろくするヒントにあふれた新しい本をつくろうと挑戦した一冊です。

わが国が、米の自給率一〇〇%を達成したのは一九六七（昭和四十二）年、いまから約五〇年前のこと。背景には、戦後食料不足から脱却しようとがんばった農家の人たちの多収への挑戦、それを後押しした研究者の人たちの姿がありました。群落光合成の理論に基づいたイネの姿と、そこに向けての栽植方法、施肥方法、水管理など、多くの技術が開発されていきました。しかし、米自給率一〇〇%を達成した三年後、一九七〇（昭和四十五）年には過剰在庫を理由に緊急避難的な減反が始まり、翌一九七一（昭和四十六）年からは本格的な米の生産調整、いわゆる減反政策が始まったのでした。

減反がつづいたこの半世紀、美味しい米つくりをめざして、コシヒカリなどの良食味品種への集中と、チッソを控えめにした栽培法が浸透していきました。それは一方では、冒頭のSさんが感じた、イネに対する判断力や想像力をそれほど必要としない、マニュアル的なイネつくりとなっていったのかもしれません。

二〇一八（平成三十）年、減反政策は廃止されました。

本書を通して、読者の皆さまにイネつくりのおもしろさが伝わることを願っています。

二〇一八年五月

一般社団法人　農山漁村文化協会

▶本書にご協力いただいた皆さま（略歴・敬称略）

岡島　秀夫（おかじま ひでお）

北海道大学名誉教授
1924（大正13）年、北海道岩見沢生まれ。本書のもととなった『イネの生理と栽培』（1965年発行、絶版）の著者で、当時、全国の熱心な農家に絶大な信頼を寄せられた。著書に、『イネの栄養生理』（1962年）、『氾勝之書 中国最古の農書』（1986年、氾勝之著。志田容子と共訳）、『土の構造と機能』（1989年）など。いずれも農山漁村文化協会発行。

本田　　強（ほんだ つよし）

元宮城教育大学教授
1931（昭和6）年、宮城県大和町生まれ。水稲の栽培、とりわけ栽植密度について「疎植栽培」を唱えた。『現代農業』誌などに健筆をふるい、全国に多くのファンをもつ。大学を辞した後は、宮城県でNPO法人環境保全米ネットワークを立ち上げ、有機栽培、減農薬・減化学肥料栽培を通じて、県全体を巻き込む。

森田　　敏（もりた さとし）

農林水産省農林水産技術会議事務局
1962（昭和37）年、東京都生まれ。イネの高温登熟障害に対する生理・生態と回避技術を研究。著書に『イネの高温障害と対策』（2011年、農山漁村文化協会）がある。

大江　真道（おおえ まさみち）

大阪府立大学 第4学系群 応用生命系准教授
1967（昭和42）年、宮城県仙台市生まれ。湛水深による日本型水稲の生育制御を研究。著書に『イネの深水栽培』（2012年、農山漁村文化協会）がある。

薄井　勝利（うすい かつとし）

福島県須賀川市の篤農家
1937（昭和12）年、福島県須賀川市生まれ。水の力を最大限生かす「疎植水中栽培」を唱え、「21世紀米つくり会」を主宰。その多収技術は独創的で、全国に多くのファンがいる。著書に『良食味・多収の豪快イネつくり』（1999年）、『バケツで実践 超豪快イネつくり』（2014年）などがある。いずれも農山漁村文化協会発行。

上記の他、研究成果を紹介させていただいた先生方、写真をご提供いただいた皆さま、ありがとうございました。

よくわかる　イネの生理と栽培

2018年６月20日　第１刷発行
2025年４月20日　第10刷発行

編 者　一般社団法人　農山漁村文化協会

発 行 所　一般社団法人　農 山 漁 村 文 化 協 会
〒335-0022　埼玉県戸田市上戸田２-２-２
電話　048(233)9351 (営業)　048(233)9355 (編集)
FAX　048(299)2812　振替　00120-3-144478
URL　https://www.ruralnet.or.jp/

ISBN978-4-540-14227-7　DTP製作／㈱農文協プロダクション
〈検印廃止〉　印刷／㈱新協

製本／根本製本㈱
Printed in Japan　定価はカバーに表示
乱丁・落丁本はお取り替えいたします。